海上絲綢之路基本文獻叢書

遠西奇器圖説（二）
新製諸器圖説

〔明〕王徵 譯繪／〔明〕王徵 著

文物出版社

圖書在版編目（CIP）數據

遠西奇器圖説．二／（明）王徵譯繪．新製諸器圖説／（明）王徵著．-- 北京：文物出版社，2022.7
（海上絲綢之路基本文獻叢書）
ISBN 978-7-5010-7685-7

Ⅰ．①遠… ②新… Ⅱ．①王… ②王… Ⅲ．①工具－圖解②農具－圖解③儀器－圖解 Ⅳ．① TB-61

中國版本圖書館 CIP 數據核字（2022）第 097835 號

海上絲綢之路基本文獻叢書

遠西奇器圖説（二）·新製諸器圖説

著　　者：〔明〕王徵　〔明〕王徵
策　　劃：盛世博閲（北京）文化有限責任公司

封面設計：鞏榮彪
責任編輯：劉永海
責任印製：王　芳

出版發行：文物出版社
社　　址：北京市東城區東直門内北小街 2 號樓
郵　　編：100007
網　　址：http://www.wenwu.com
經　　銷：新華書店
印　　刷：北京旺都印務有限公司
開　　本：787mm×1092mm　1/16
印　　張：11.875
版　　次：2022 年 7 月第 1 版
印　　次：2022 年 7 月第 1 次印刷
書　　號：ISBN 978-7-5010-7685-7
定　　價：90.00 圓

總緒

海上絲綢之路，一般意義上是指從秦漢至鴉片戰爭前中國與世界進行政治、經濟、文化交流的海上通道，主要分爲經由黄海、東海的海路最終抵達日本列島及朝鮮半島的東海航綫和以徐聞、合浦、廣州、泉州爲起點通往東南亞及印度洋地區的南海航綫。

在中國古代文獻中，最早、最詳細記載『海上絲綢之路』航綫的是東漢班固的《漢書・地理志》，詳細記載了西漢黄門譯長率領應募者入海『齎黄金雜繒而往』之事，書中所出現的地理記載與東南亞地區相關，并與實際的地理狀況基本相符。

東漢後，中國進入魏晋南北朝長達三百多年的分裂割據時期，絲路上的交往也走向低谷。這一時期的絲路交往，以法顯的西行最爲著名。法顯作爲從陸路西行到印度，再由海路回國的第一人，根據親身經歷所寫的《佛國記》（又稱《法顯傳》）一書，詳細介紹了古代中亞和印度、巴基斯坦、斯里蘭卡等地的歷史及風土人情，是瞭解和研究海陸絲綢之路的珍貴歷史資料。

隨着隋唐的統一，中國經濟重心的南移，中國與西方交通以海路爲主，海上絲綢之路進入大發展時期。廣州成爲唐朝最大的海外貿易中心，朝廷設立市舶司，專門管理海外貿易。唐代著名的地理學家賈耽（七三〇～八〇五年）的《皇華四達記》記載了從廣州通往阿拉伯地區的海上交通『廣州通夷道』，詳述了從廣州港出發，經越南、馬來半島、蘇門答臘半島至印度、錫蘭，直至波斯灣沿岸各國的航綫及沿途地區的方位、名稱、島礁、山川、民俗等。譯經大師義净西行求法，將沿途見聞寫成著作《大唐西域求法高僧傳》，詳細記載了海上絲綢之路的發展變化，是我們瞭解絲綢之路不可多得的第一手資料。

宋代的造船技術和航海技術顯著提高，指南針廣泛應用於航海，中國商船的遠航能力大大提升。北宋徐兢的《宣和奉使高麗圖經》詳細記述了船舶製造、海洋地理和往來航綫，是研究宋代海外交通史、中朝友好關係史、中朝經濟文化交流史的重要文獻。南宋趙汝適《諸蕃志》記載，南海有五十三個國家和地區與南宋通商貿易，形成了通往日本、高麗、東南亞、印度、波斯、阿拉伯等地的『海上絲綢之路』。宋代爲了加强商貿往來，於北宋神宗元豐三年（一〇八〇年）頒佈了中國歷史上第一部海洋貿易管理條例《廣州市舶條法》，并稱爲宋代貿易管理的制度範本。

元朝在經濟上採用重商主義政策，鼓勵海外貿易，中國與歐洲的聯繫與交往非常頻繁，其中馬可・波羅、伊本・白圖泰等歐洲旅行家來到中國，留下了大量的旅行記，記録元代海上絲綢之路的盛况。元代的汪大淵兩次出海，撰寫出《島夷志略》一書，記録了二百多個國名和地名，其中不少首次見於中國著録，涉及的地理範圍東至菲律賓群島，西至非洲。這些都反映了元朝時中西經濟文化交流的豐富内容。

明、清政府先後多次實施海禁政策，海上絲綢之路的貿易逐漸衰落。但是從明永樂三年至明宣德八年的二十八年裏，鄭和率船隊七下西洋，先後到達的國家多達三十多個，在進行經貿交流的同時，也極大地促進了中外文化的交流，這些都詳見於《西洋蕃國志》《星槎勝覽》《瀛涯勝覽》等典籍中。

關於海上絲綢之路的文獻記述，除上述官員、學者、求法或傳教高僧以及旅行者的著作外，自《漢書》之後，歷代正史大都列有《地理志》《四夷傳》《西域傳》《外國傳》《蠻夷傳》《屬國傳》等篇章，加上唐宋以來衆多的典制類文獻、地方史志文獻，集中反映了歷代王朝對於周邊部族、政權以及西方世界的認識，都是關於海上絲綢之路的原始史料性文獻。

海上絲綢之路概念的形成，經歷了一個演變的過程。十九世紀七十年代德國地理學家費迪南・馮・李希霍芬（Ferdinad Von Richthofen，一八三三～一九〇五），在其《中國：親身旅行和研究成果》第三卷中首次把輸出中國絲綢的東西陸路稱爲『絲綢之路』。有『歐洲漢學泰斗』之稱的法國漢學家沙畹（Édouard Chavannes，一八六五～一九一八），在其一九〇三年著作的《西突厥史料》中提出『絲路有海陸兩道』，蘊涵了海上絲綢之路最初提法。迄今發現最早正式提出『海上絲綢之路』一詞的是日本考古學家三杉隆敏，他在一九六七年出版《中國瓷器之旅：探索海上的絲綢之路》中首次使用『海上絲綢之路』一詞；一九七九年三杉隆敏又出版了《海上絲綢之路》一書，其立意和出發點局限在東西方之間的陶瓷貿易與交流史。

二十世紀八十年代以來，在海外交通史研究中，『海上絲綢之路』一詞逐漸成爲中外學術界廣泛接受的概念。根據姚楠等人研究，饒宗頤先生是華人中最早提出『海上絲綢之路』的人，他的《海道之絲路與昆侖舶》正式提出『海上絲路』的稱謂。選堂先生評價海上絲綢之路是外交、貿易和文化交流作用的通道。此後，大陸學者馮蔚然在一九七八年編寫的《航運史話》中，使用『海上絲綢之路』一詞，這是迄今學界查到的中國大陸最早使用『海上絲綢之路』的人，更多地限於航海活動領域的考察。一九八〇年北京大學陳炎教授提出『海上絲綢之路』研究，并於一九八一年發表《略論海上絲綢之路》一文。他對海上絲綢之路的理解超越以往，且帶有濃厚的愛國主義思想。陳炎教授之後，從事研究海上絲綢之路的學者越來越多，尤其沿海港口城市向聯合國申請海上絲綢之路非物質文化遺産活動，將海上絲綢之路研究推向新高潮。另外，國家把建設『絲綢之路經濟帶』和『二十一世紀海上絲綢之路』作爲對外發展方針，將這一學術課題提升爲國家願景的高度，使海上絲綢之路形成超越學術進入政經層面的熱潮。

與海上絲綢之路學的萬千氣象相對應，海上絲綢之路文獻的整理工作仍顯滯後，遠遠跟不上突飛猛進的研究進展。二〇一八年厦門大學、中山大學等單位聯合發起『海上絲綢之路文獻集成』專案，尚在醞釀當中。我們不揣淺陋，深入調查，廣泛搜集，將有關海上絲綢之路的原始史料文獻和研究文獻，分爲風俗物産、雜史筆記、海防海事、典章檔案等六個類别，彙編成《海上絲綢之路歷史文化叢書》，於二〇二〇年影印出版。此輯面市以來，深受各大圖書館及相關研究者好評。爲讓更多的讀者親近古籍文獻，我們遴選出前編中的菁華，彙編成《海上絲綢之路基本文獻叢書》，以單行本影印出版，以饗讀者，以期爲讀者展現出一幅幅中外經濟文化交流的精美畫卷，爲海上絲綢之路的研究提供歷史借鑒，爲『二十一世紀海上絲綢之路』倡議構想的實踐做好歷史的詮釋和注脚，從而達到『以史爲鑒』『古爲今用』的目的。

凡例

一、本編注重史料的珍稀性，從《海上絲綢之路歷史文化叢書》中遴選出菁華，擬出版百册單行本。

二、本編所選之文獻，其編纂的年代下限至一九四九年。

三、本編排序無嚴格定式，所選之文獻篇幅以二百餘頁爲宜，以便讀者閱讀使用。

四、本編所選文獻，每種前皆注明版本、著者。

五、本編文獻皆爲影印，原始文本掃描之後經過修復處理，仍存原式，少數文獻由於原始底本欠佳，略有模糊之處，不影響閱讀使用。

六、本編原始底本非一時一地之出版物，原書裝幀、開本多有不同，本書彙編之後，統一爲十六開右翻本。

目録

遠西奇器圖説（二）

遠西奇器圖説（二）

〔明〕王徵 譯繪

民國二十五年商務印書館影印《守山閣叢書》本

遠西奇器圖說
（二）
鄧玉函口授
王徵譯繪

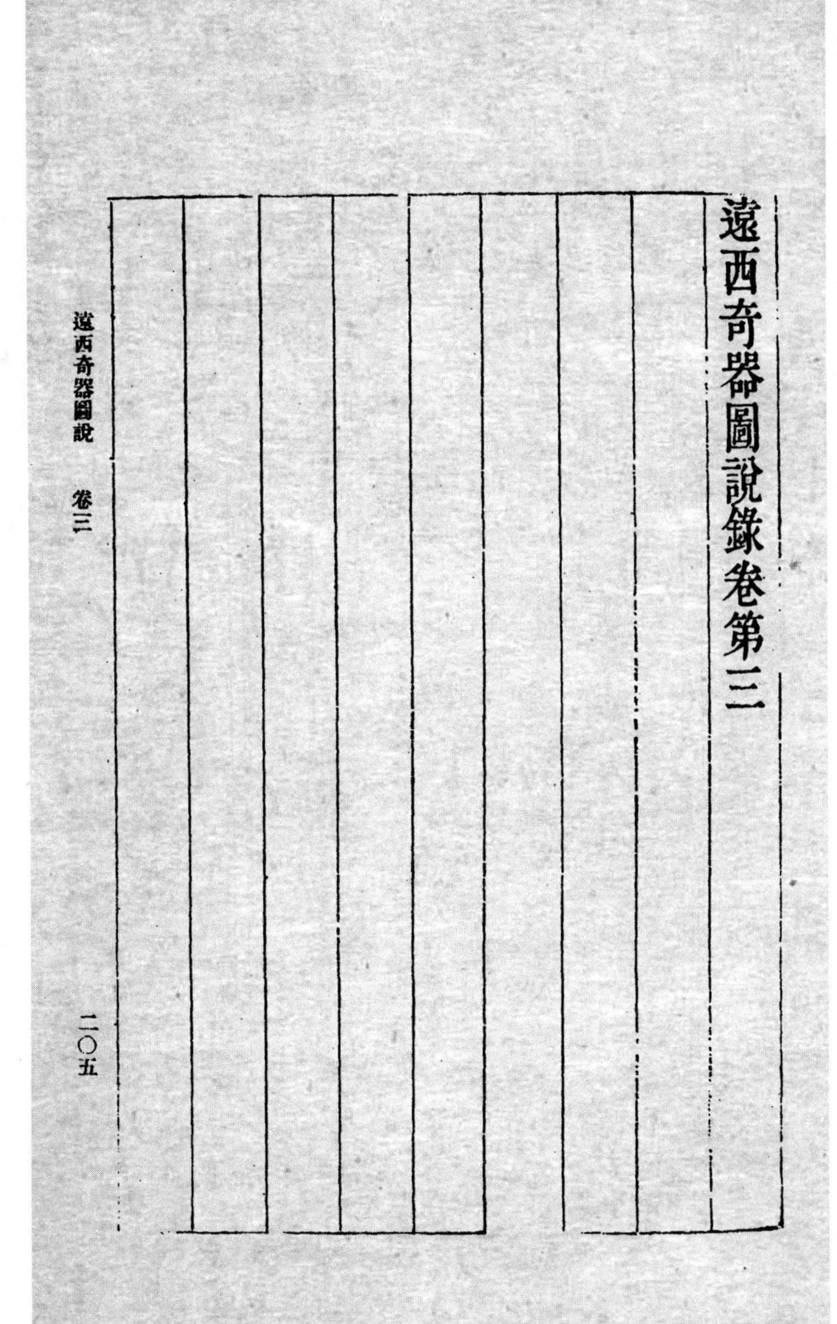

遠西奇器圖說錄卷第三

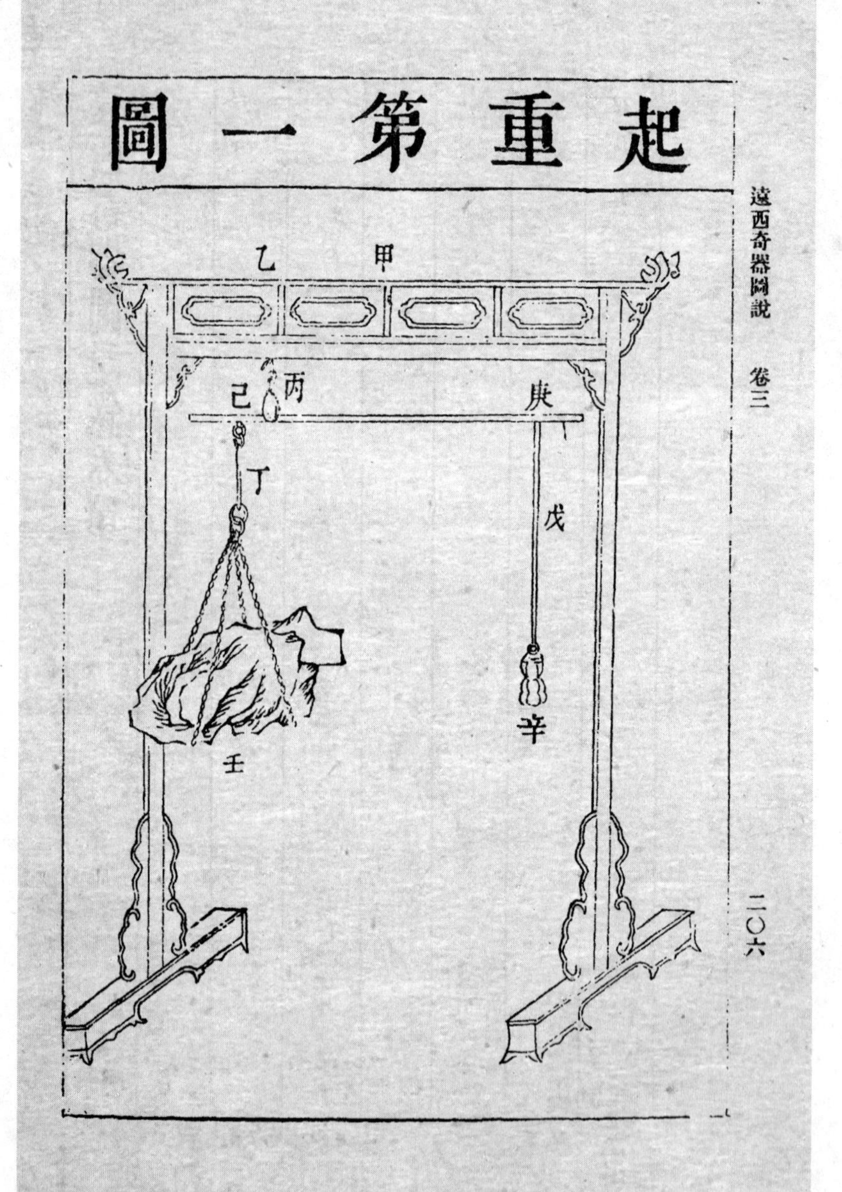
起重第一圖
甲
乙
丙
己
庚
丁
戊
辛
壬
遠西奇器圖說　卷三
二〇六

第一圖說

起重

說

假如有石重五百斤欲起之使高先用立架一具如圖中之甲夾於橫梁之乙繫繫秤之索如丙秤頭之丁爲舉重之索秤尾之戊爲人墜之索秤杆長十有一尺秤頭至己爲一尺秤頭過己至庚爲十尺辛爲人力乙爲石重夫丁至己既爲一尺是爲一分丁至庚既爲十尺是爲十分以十分而舉一分故一人之力可起五百斤也

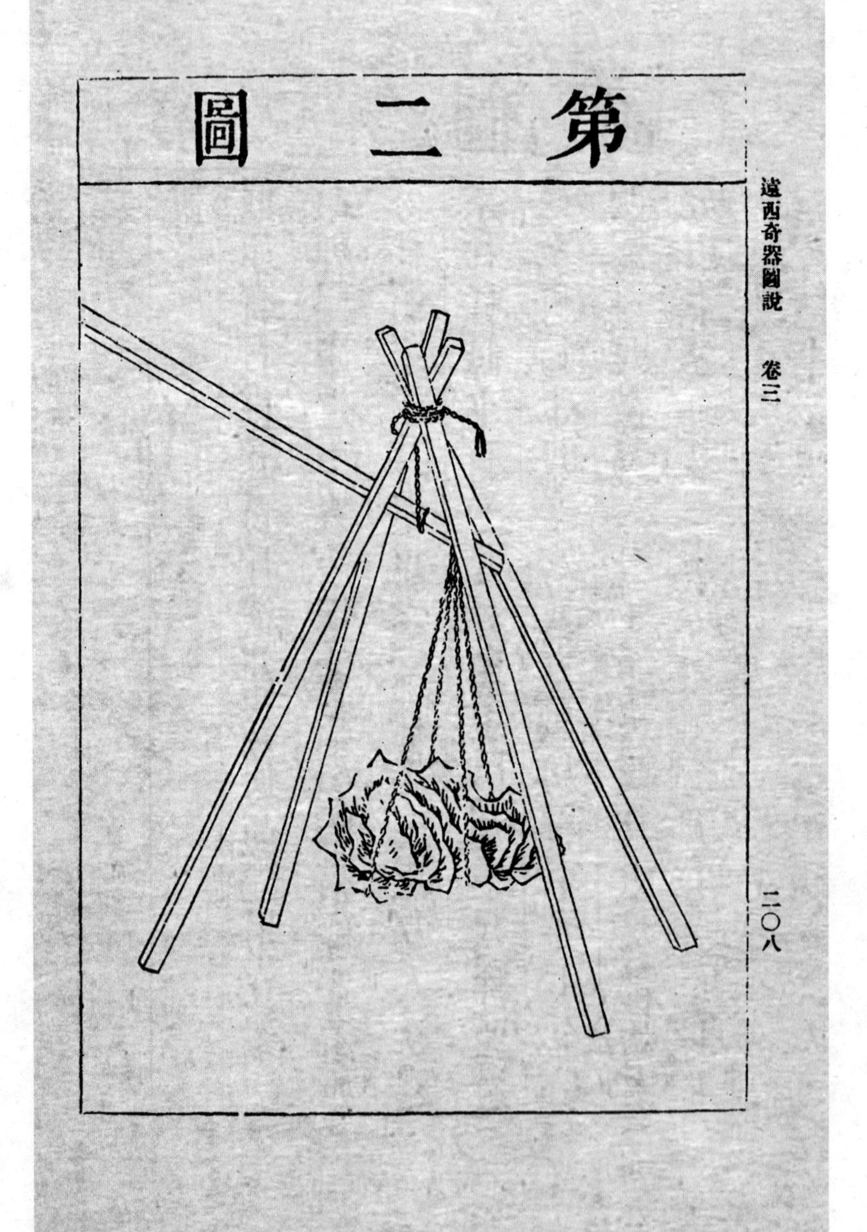
第二圖
遠西奇器圖說　卷三
二〇八

第二圖說

說

假如途次猝無立架止用直木三根或四根以索緊縛一頭豎之三根作三足形四根作四足形以秤杆中心繫索繫在上端中央以秤杆前端一尺者繫重物以後端十尺盡處繫人用力之索更便也

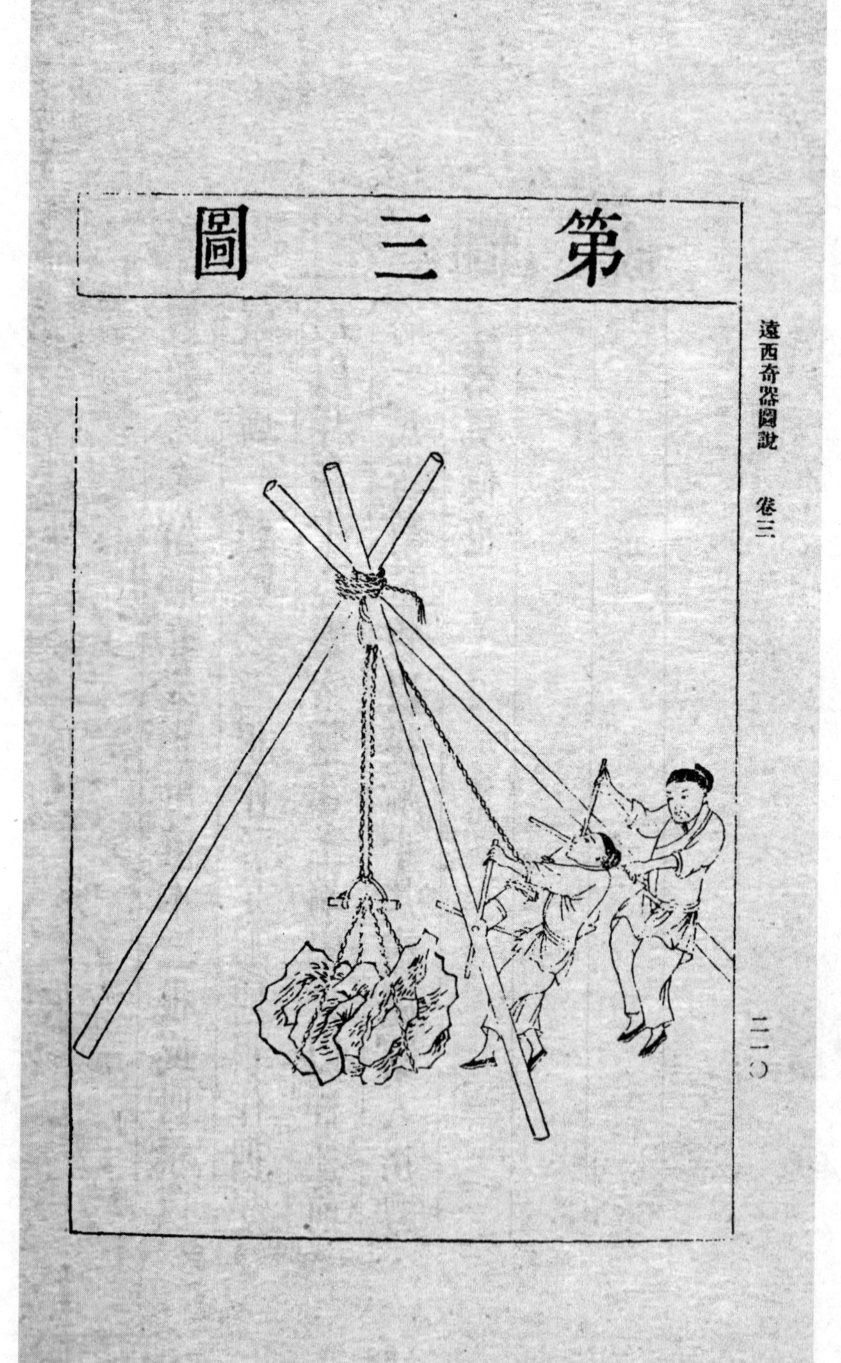
第三圖
遠西奇器圖說　卷三
二〇

第三圖說

說

假如有石若干重欲起之先作三足形立架上收下開上端收處平安短鐵橫梁梁上繫滑車一具下繫滑車一具緊鉗石上用索一端從上滑車轉垂而下即從下滑車內轉輪而上復過上滑車而下或即用人力曳之可矣如石太重則滑車上下各加一具或加二具亦無不可愈多愈輕人力愈可少也如石仍太重難起即於兩豎架上安一轆轤在內轆轤兩端各十字相反安四椿木用人力轉其滑車內所轉之索更便且力甚勁也兩法總具上圖中

第四圖
遠西奇器圖說　卷三
二三

第四圖説

説

假如有石太重即用六滑車并十字轆轤法仍或不起則以轆轤改作大輪如上圖用人轉輪重可起也

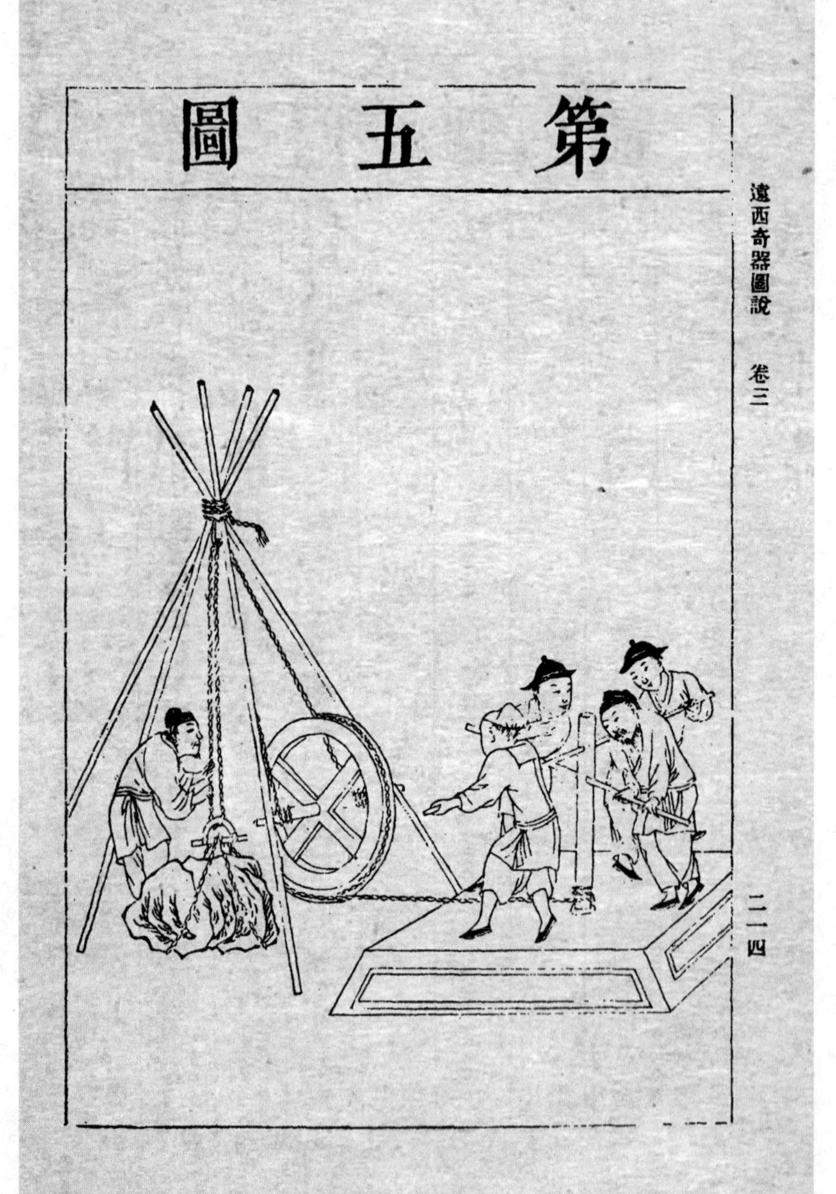

第五圖

遠西奇器圖說　卷三

二一四

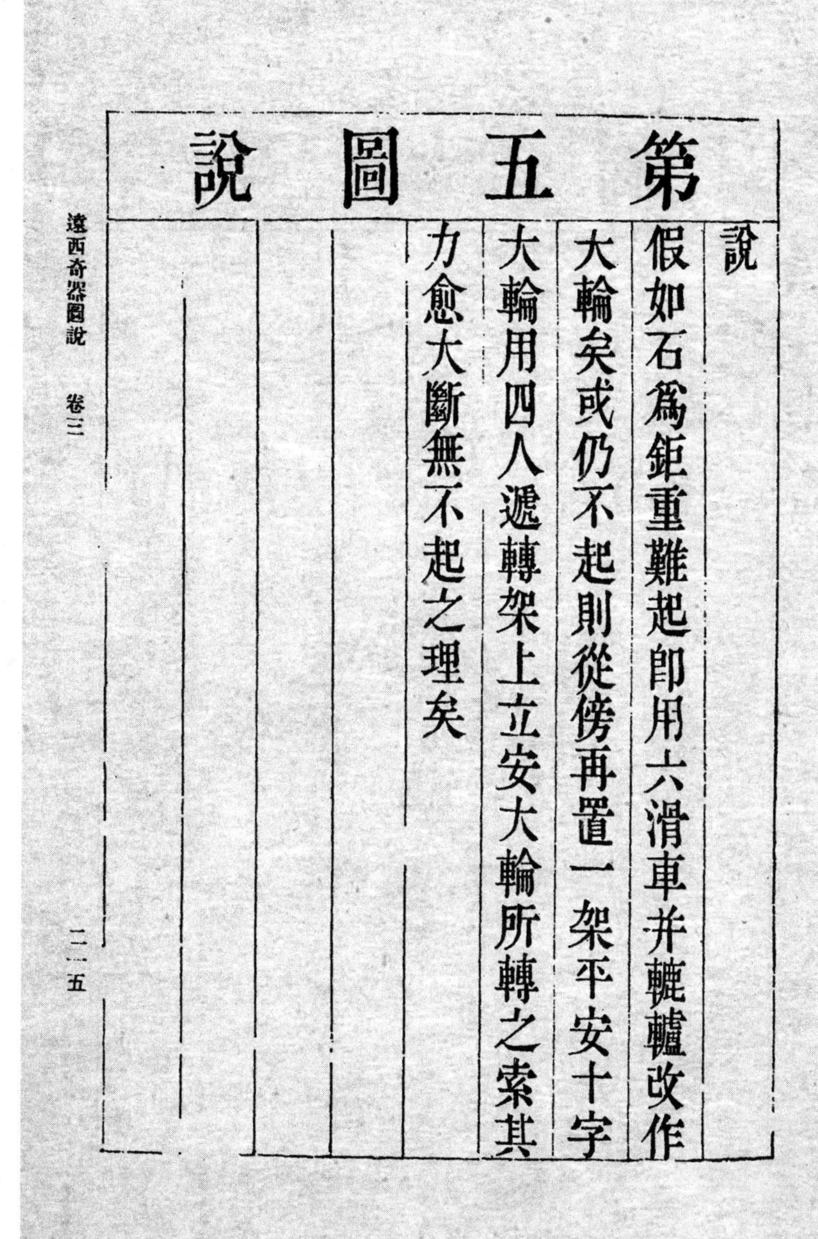

第五圖說

說

假如石爲鉅重難起卽用六滑車并轆轤改作大輪矣或仍不起則從傍再置一架平安十字大輪用四人遞轉架上立安大輪所轉之索其力愈大斷無不起之理矣

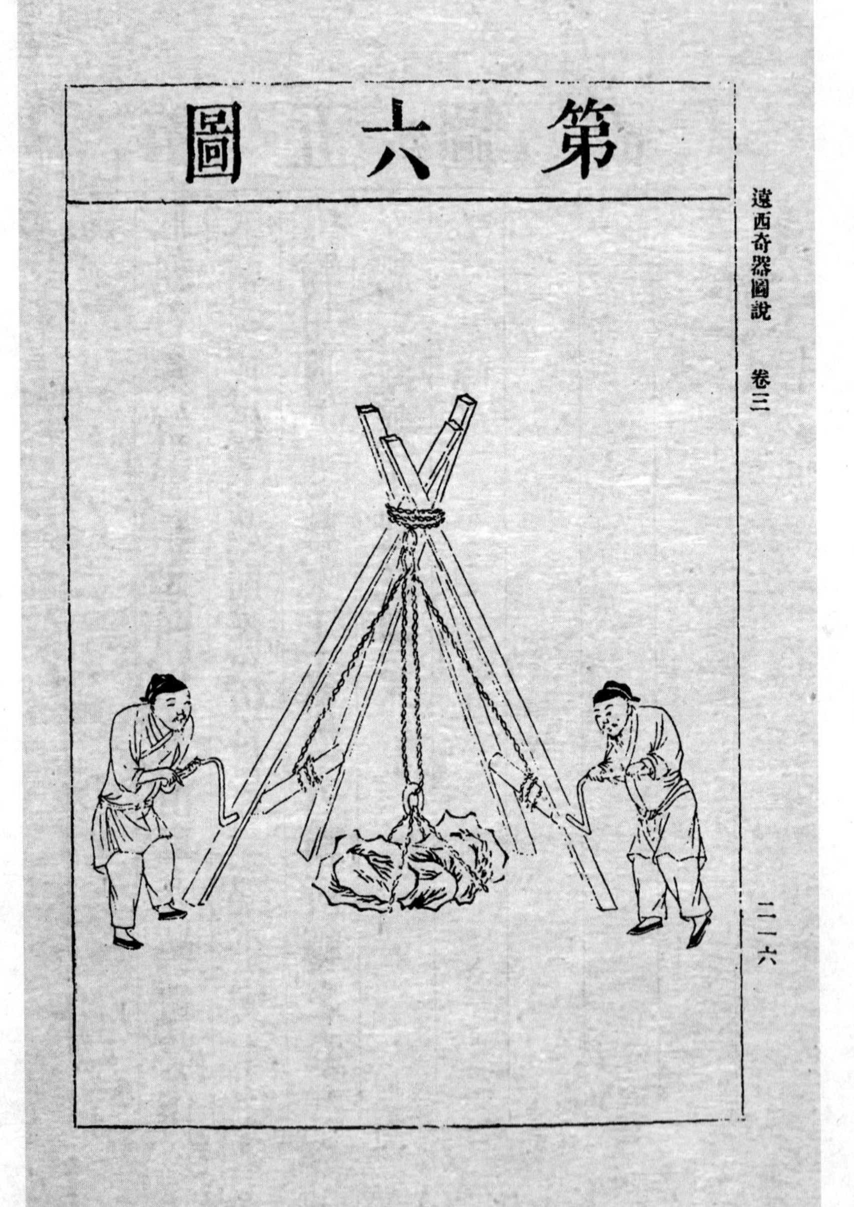
第六圖
遠西奇器圖說　卷三
二一六

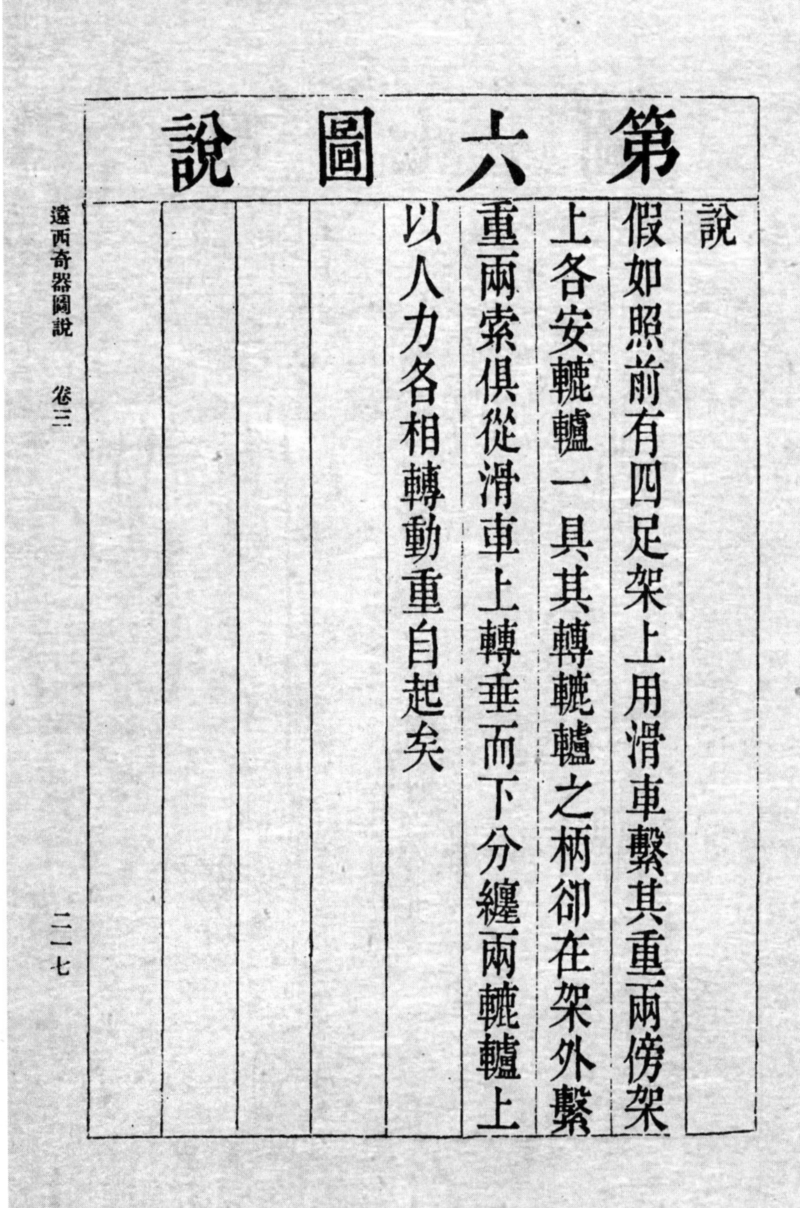

第六圖說

說

假如照前有四足架上用滑車繫其重兩傍架上各安轆轤一具其轉轆轤之柄卻在架外繫重兩索俱從滑車上轉垂而下分纏兩轆轤上以人力各相轉動重自起矣

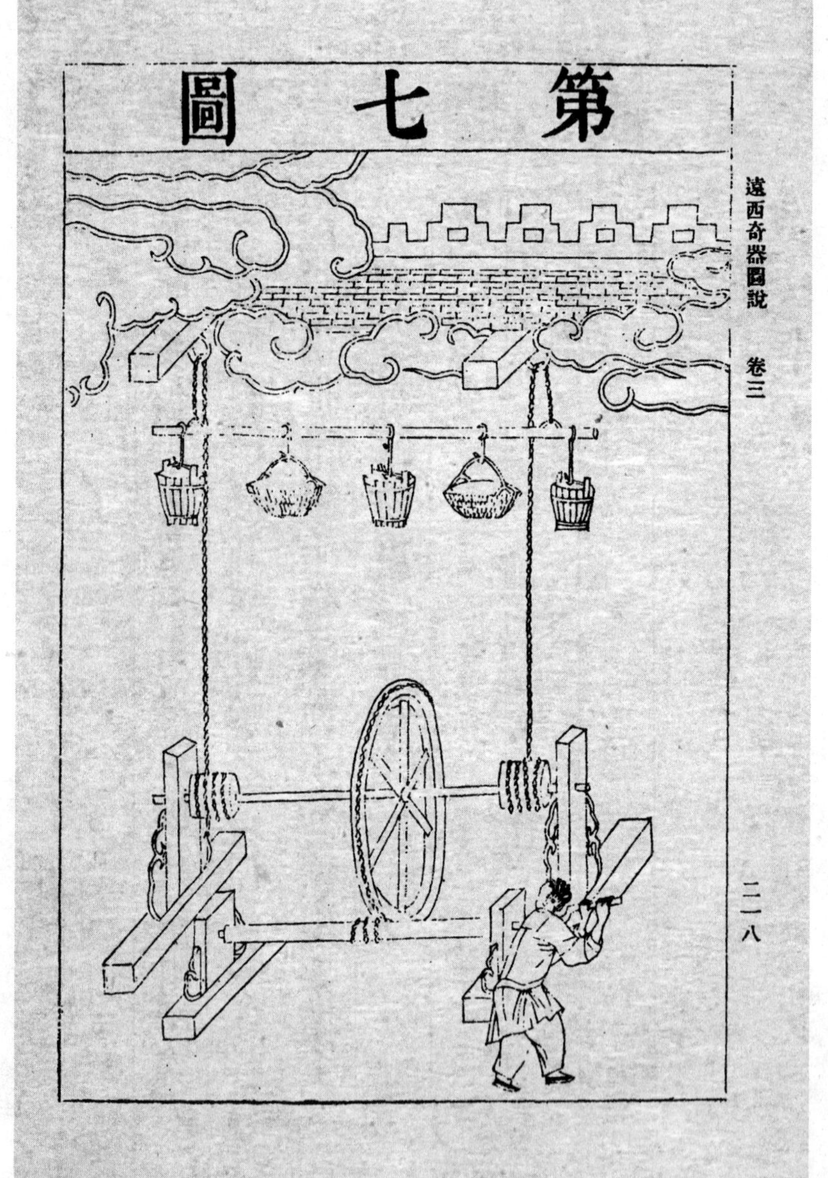
第七圖
遠西奇器圖說　卷三
二一八

第七圖說

說

假如作屋作牆起運磚石泥土之物即不大重然或桶或框一人可運五六框桶其法上用夜又平架兩頭各安滑車一具每滑車貫長索一根其兩索各一端定縛長杆一根將所用框桶諸物鈎懸杆上下用兩轆轤各將前垂長索一端繫定安置架上如物力不大重不大多則人轉轆轤足矣倘物或太多太重則于兩轆轤中而更安一大輪大輪另有索旁繫一轆轤上其轆轤另是一架一人轉此單轆轤曳動大輪之索則雙轆轤自轉諸物俱運上矣

第八圖

第八圖說

說

用一長架有橫桄如梯狀兩頭各安兩立柱下端安一滑車樣大柵轆上端安一轆轤但轆轤之製分作四分如南瓜瓣樣其中相架梯長短作戽子不拘多少一如水車戽子之製戽子中實以土泥諸物一人用力轉動上端瓜瓣轆轤則諸戽可以流水而上矣

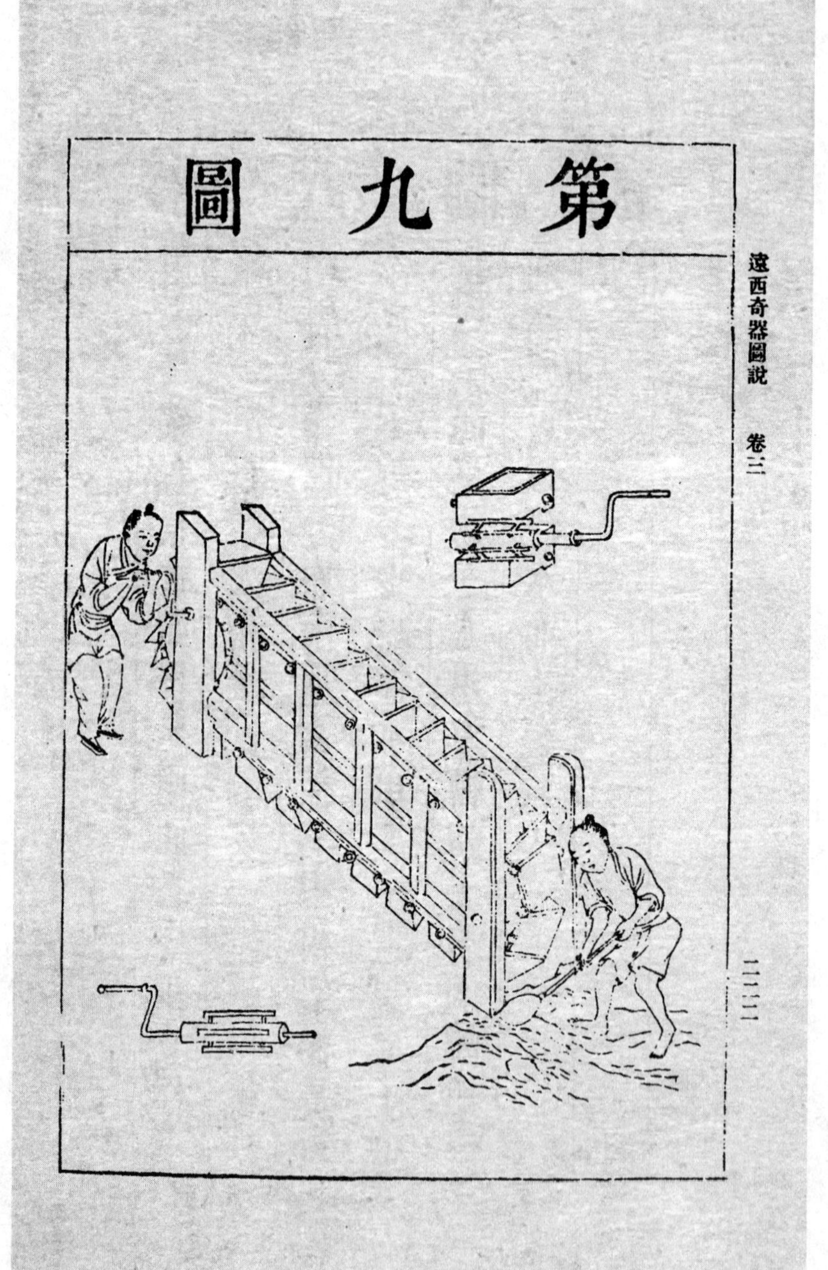
第九圖
遠西奇器圖說　卷三
三三

第九圖説

説

長架同前或不用戽子止用桶相聯而轉上用螺絲轉法如上圖亦便

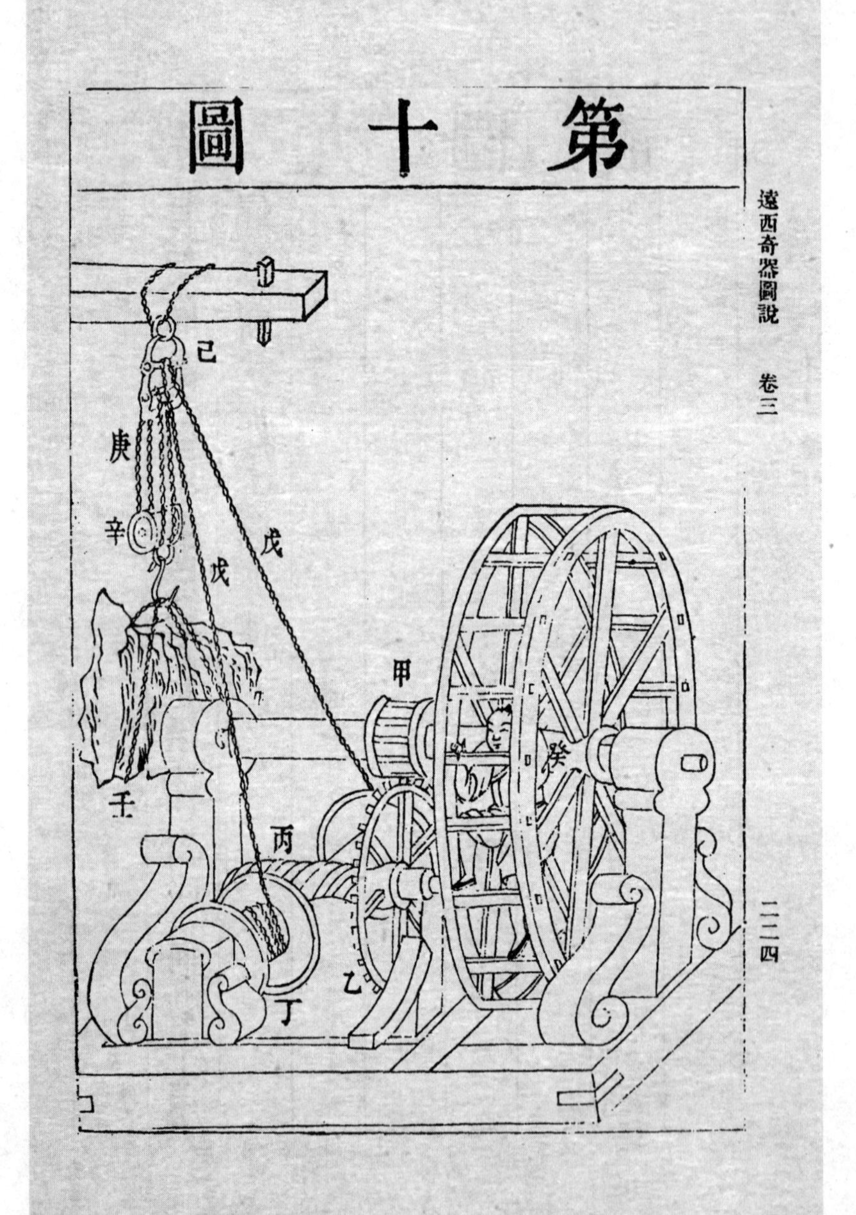
第十圖
遠西奇器圖說　卷三
二二四
己
庚
辛
戊
戊
甲
癸
壬
丙
乙
丁

第十圖說

說

先作一行輪行輪者人從輪中行而不止以動他輪者也行輪本軸安銅輪有齒如甲以轉有齒大輪如乙大輪本軸則有或銅或鐵螺絲轉如丙其丙螺絲轉緊靠亦是螺絲轉如丁但丁螺絲轉大于丙螺絲轉數倍爲牝而丙乃其牡耳丁螺絲轉兩端各繫起重之索如戊其索各上繫于傍架滑車如己上端滑車並懸兩旁兩層共是四個如庚下端滑車並懸兩個如辛有重石如壬繫置滑車直貫至牝螺絲轉兩端則以一人如癸行于大輪之內而石自起矣

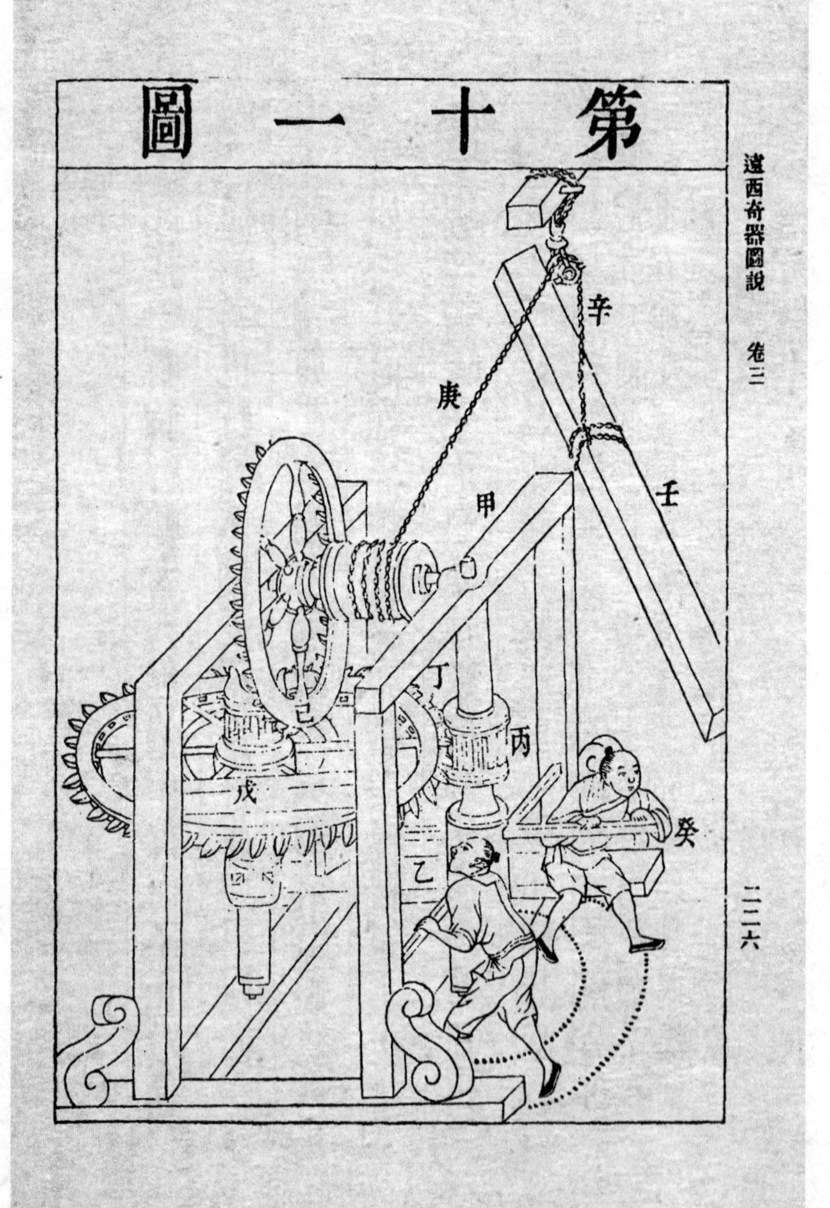
第十一圖
遠西奇器圖說　卷三
二二六
辛
庚
甲
壬
丁
己
丙
戊
癸
乙

第十一圖説

説

先作一大架如甲次作一十字攪輪如乙上安小輪周有長齒如丙安架之一邊於對邊架上安大平輪周有齒與小輪周之長齒相合如丁大平輪立軸上端亦安小輪齒横安如戊又於架之上横梁中安一大輪有齒與立軸小輪横齒相合如己即於横梁大輪軸上繫起重之索一端如庚其一端從架上別安滑車上轉貫而過如辛直至於重如壬以人力各攪轉十字輪如癸則重起矣儻滑車平定一遠架上又可作引重法也

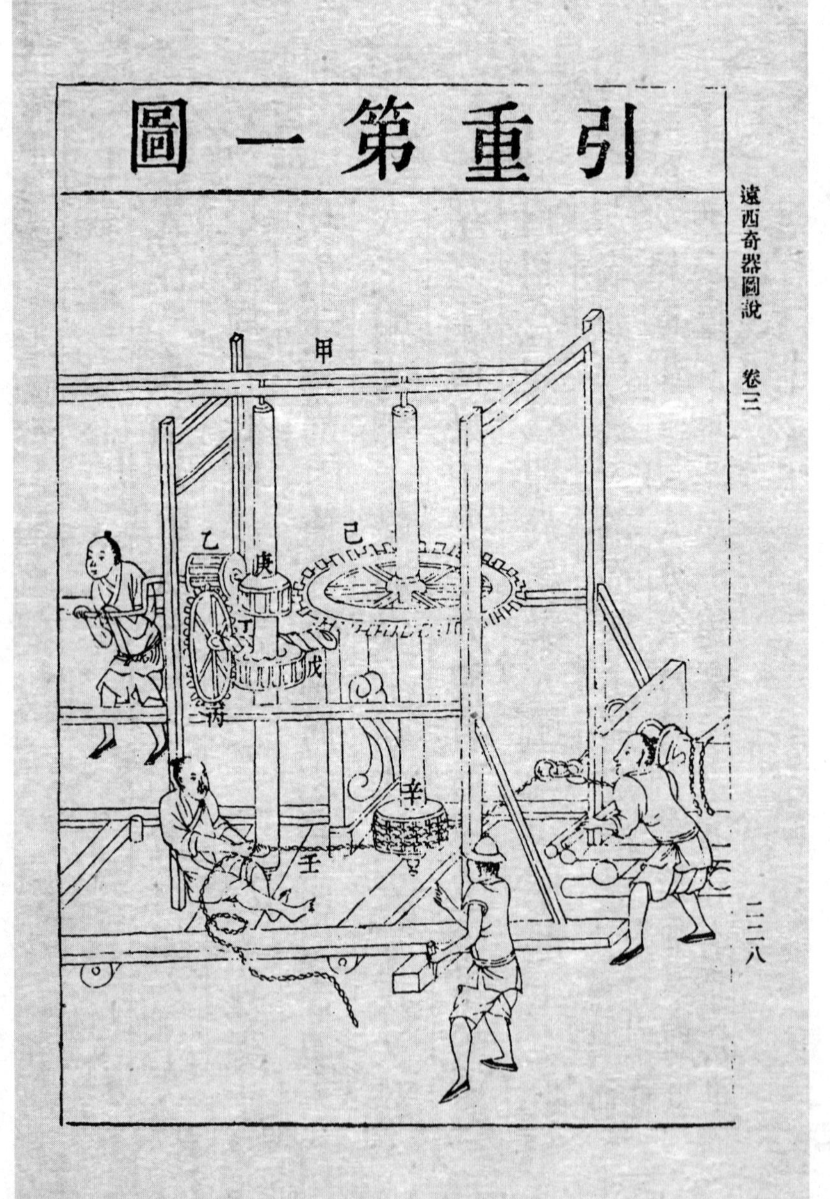
引重第一圖
遠西奇器圖說　卷三
二二八
甲
乙
丙
丁
戊
己
庚
辛
壬

第一圖說

引重

說

先爲方架如甲次用轆轤一人轉之如乙但此轆轤如瓜瓣樣有六齒緊靠轆轤齒立安大輪輪周有齒與轆轤之齒相合如丙大輪之軸斜安鐵螺絲轉如丁緊靠此螺絲轉豎一立軸軸下端亦平安斜鐵螺絲轉如戊上端安小輪有齒如庚小輪緊靠有平安大輪如己周有齒與小輪齒相合大輪同軸下端有小滑車如轆轤狀上纏索三迴如辛以一端繫重以一端用一人曳之如壬則重行矣

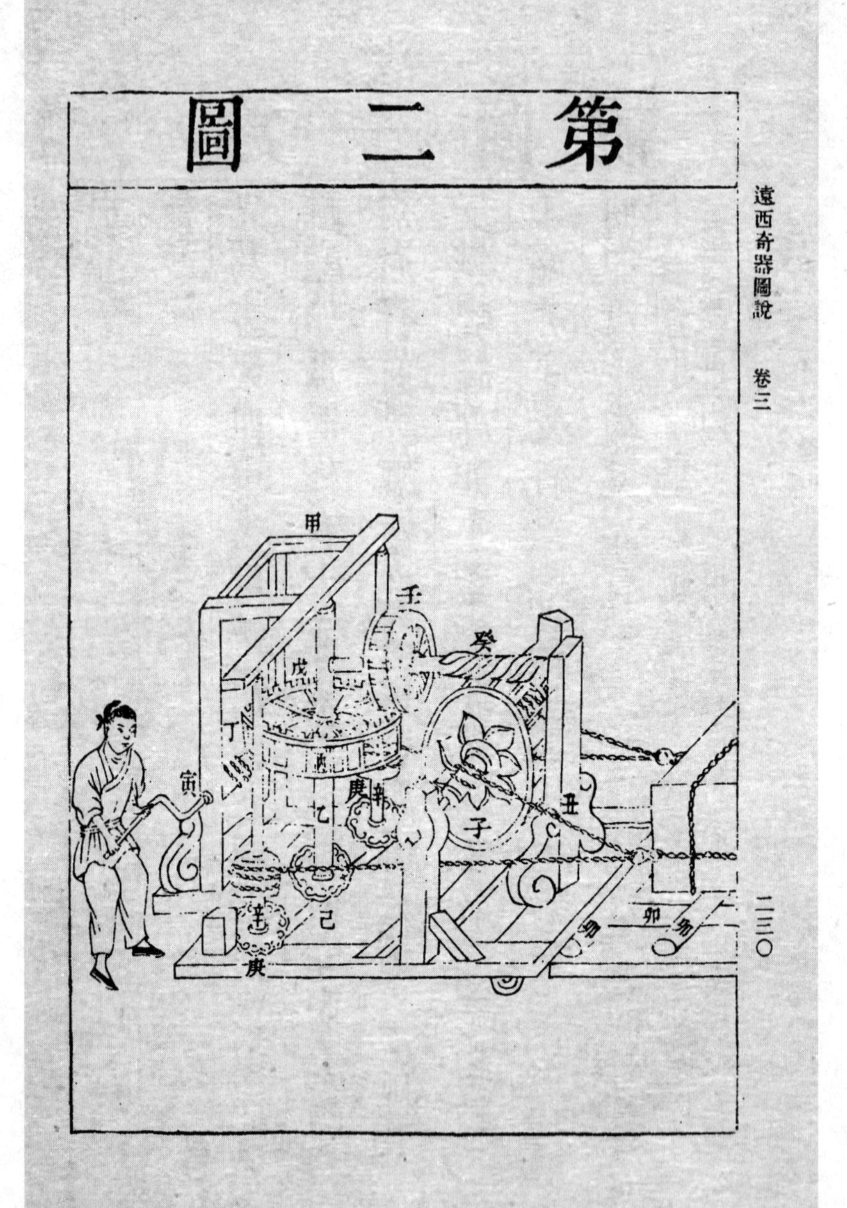
第二圖
遠西奇器圖說　卷三
二三〇
甲
壬
癸
戊
丁
寅
丙
庚
辛
乙
丑
子
己
卯
庚

第二圖説

説

先爲方架如甲架之前端安立軸如乙中有大輪如丙輪周有螺絲轉齒如丁輪上有立齒如戊立軸下端有星輪如己緊靠星輪兩旁各有立柱亦各安星輪如庚兩旁星輪上有纏索之榾轆如辛緊靠螺絲轉大輪安立輪如壬立輪之齒與大輪上立齒相合立輪之軸有長螺絲轉如癸其長螺絲轉緊靠有大立輪亦是螺絲轉齒如子立輪兩旁繫繫重之索如丑前端立軸大輪之外有螺絲轉之柄如寅以一人轉之則重行矣凡重之下有長輥木如卯遞輥遞支而前

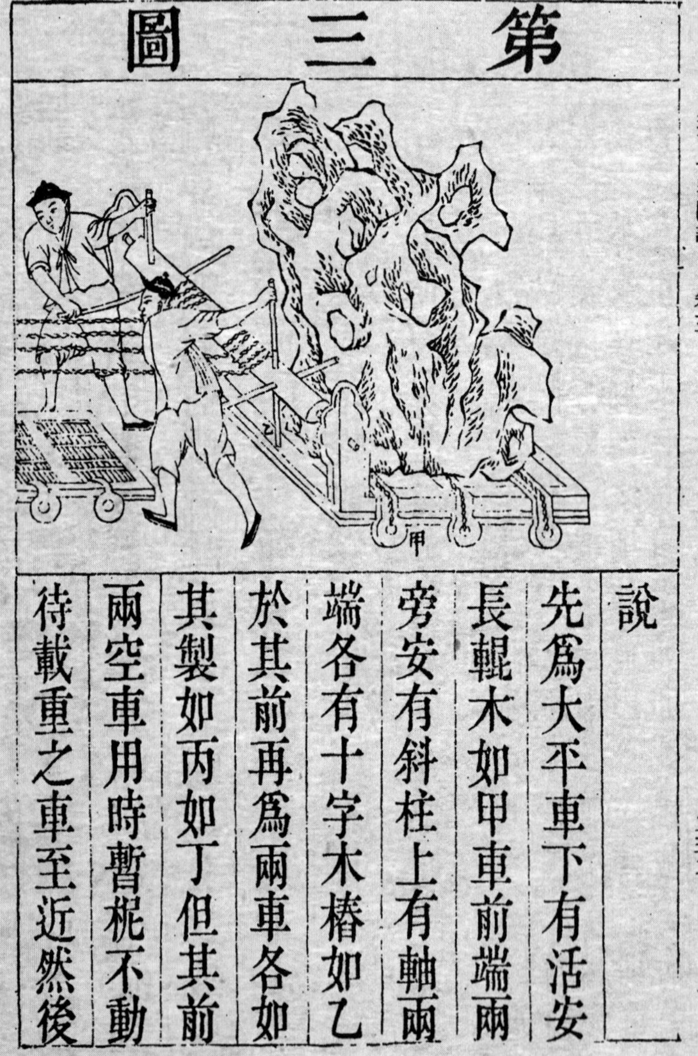

第三圖

說

先為大平車下有活安長輥木如甲車前端兩旁安有斜柱上有軸兩端各有十字木樁如乙於其前再為兩車各如其製如丙如丁但其前兩空車用時暫梶不動待載重之車至近然後

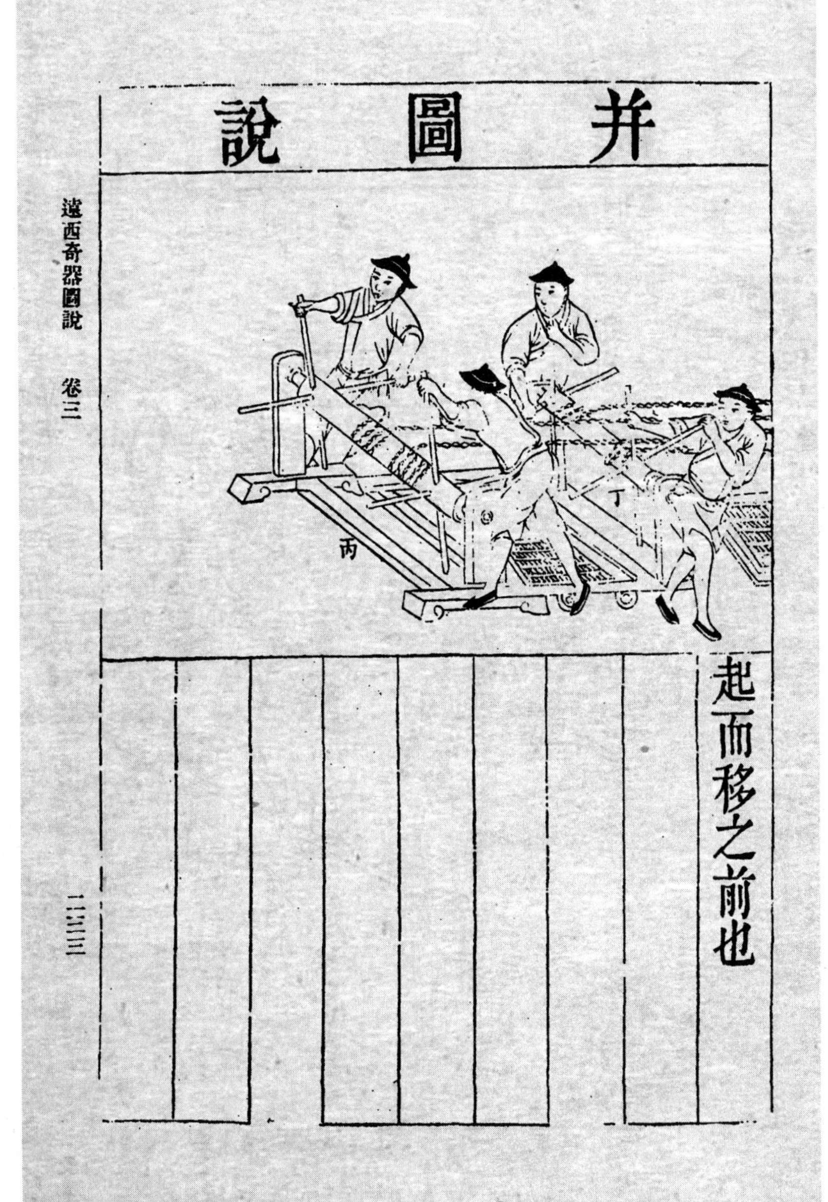

并圖說

起而移之前也

第四圖
遠西奇器圖說　卷三
二三四

第四圖說

說

爲大輪一軸兩輪並列軸之中繫大桶或繫別重以長杆繫軸上軸不轉而兩輪轉一人肩杆而曳之或於杆頭安横桄一人推之皆可行也

說

爲兩小輪中有軸繫杆木杆之中懸大桶或別重一人肩而曳之或用横桄推之皆可

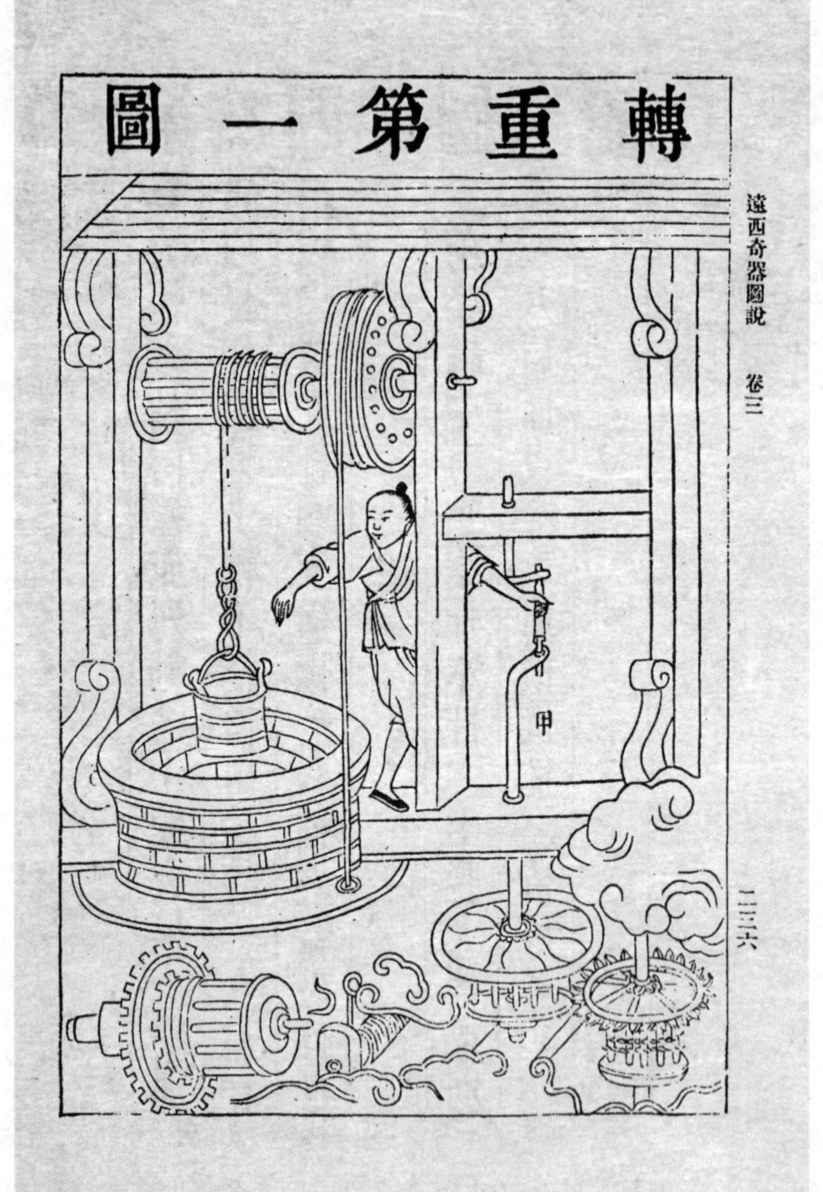
轉重第一圖
甲
遠西奇器圖說　卷三
二三六

第一圖說

轉重

說

先爲立柱中央作方曲拐形如甲立柱上下直對要正旁拐立枝爲手所轉處中爲小軸外貫木筒或竹筒便可轉也或於下端作輪或於上端作輪以爲轉他重之機惟人所作立柱兩端盡處各爲鐵鑚安於架之鐵臼中則其轉也無不利矣

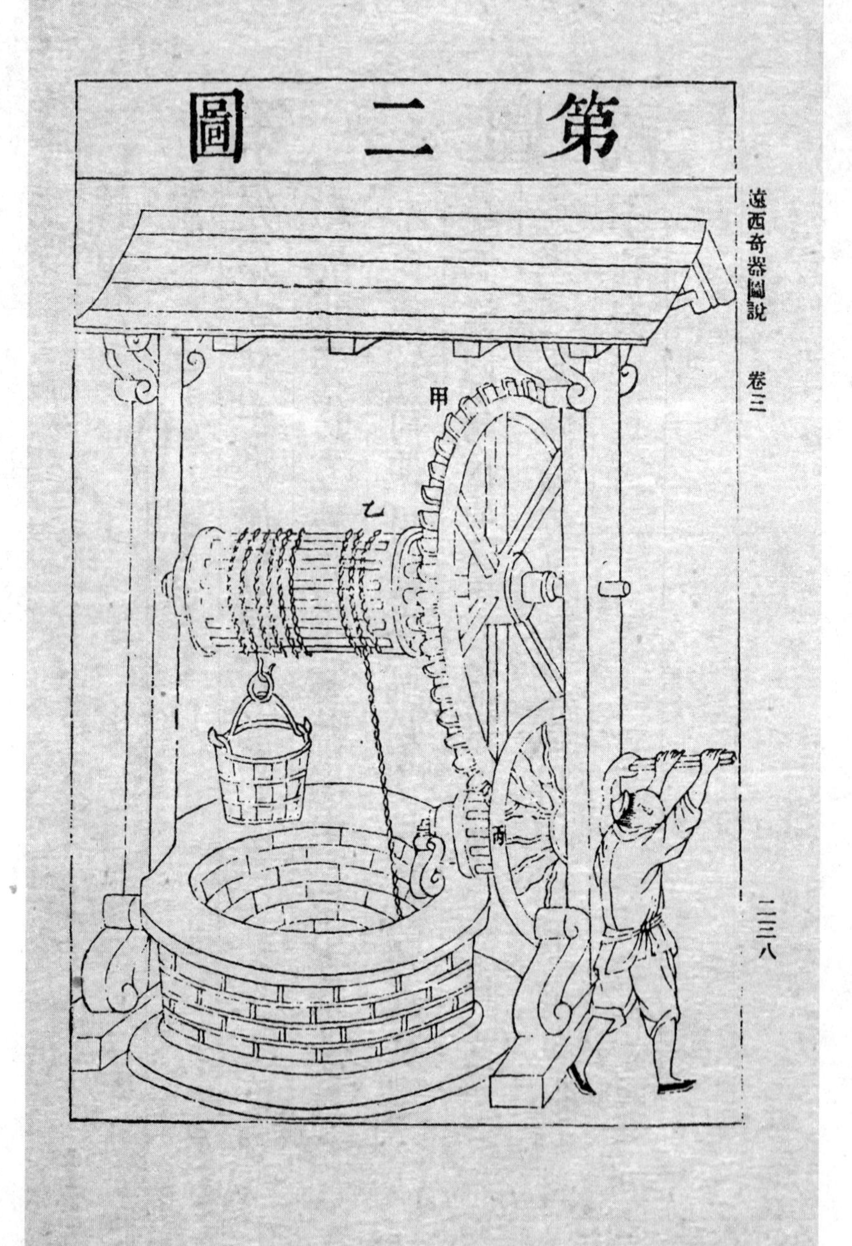
第二圖
甲
乙
丙
遠西奇器圖說　卷三
二三八

第二圖說

說

先爲大輪有齒如甲安兩柱中次爲轆轤周圍有齒與大輪齒相合如乙一人在柱外轉其柄則重可轉也或人力不勝則於轆轤一端近柱處安飛輪一具如丙飛輪者巳似無用而實能以重助他人之力者也故轆轤轉之不足加一飛輪則人力必大勝矣

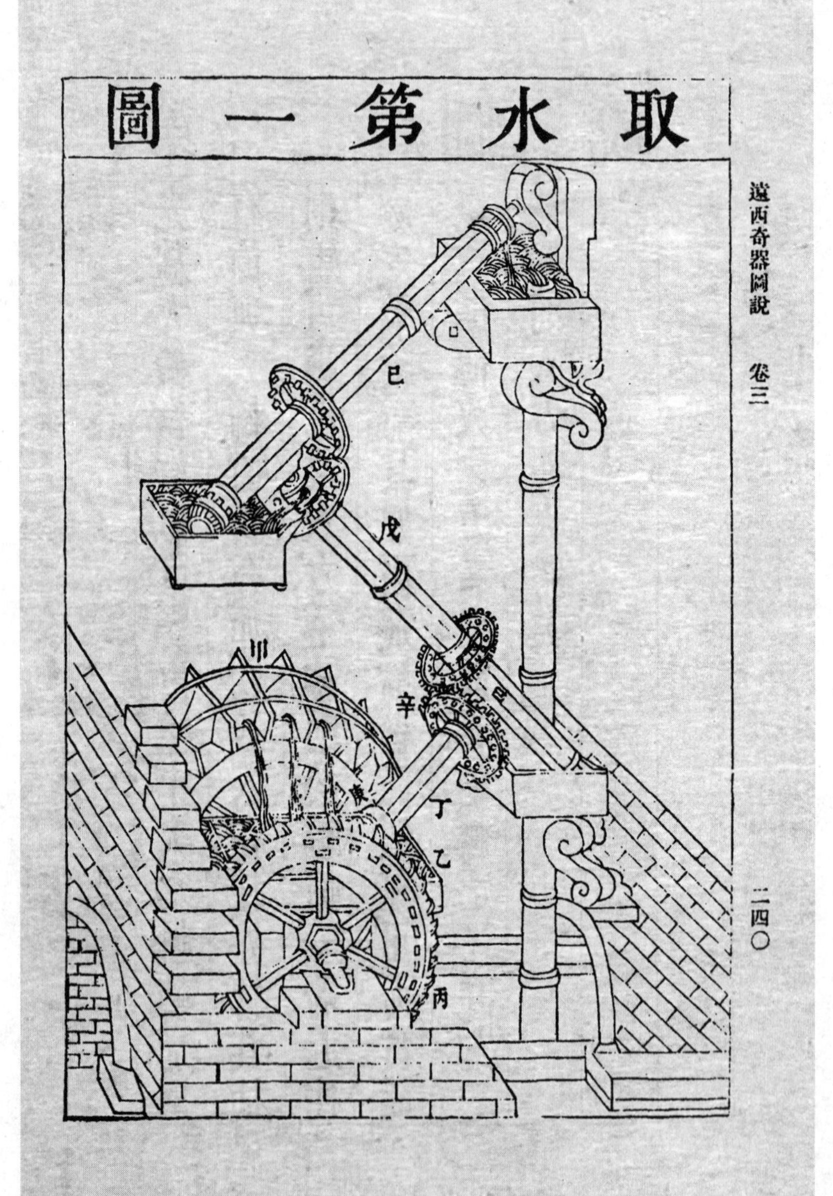
取水第一圖
遠西奇器圖說　卷三
二四〇
甲
乙
丙
丁
戊
己
庚
辛

第一圖說

取水

說

先爲大立輪中藏水戽如甲轉水至槽池中如乙大立輪同軸又有次立輪有齒如丙再爲龍尾車三具以次而上如丁如戊如已第一龍尾車下端有小鼓輪亦有齒如庚與次立輪之齒相合上端又有旁齒小輪如辛則與第二龍尾車下端輪齒相合第二龍尾車上端與第三龍尾車下端輪齒各以次相合則水自上矣

龍尾車之製詳具泰西水法中

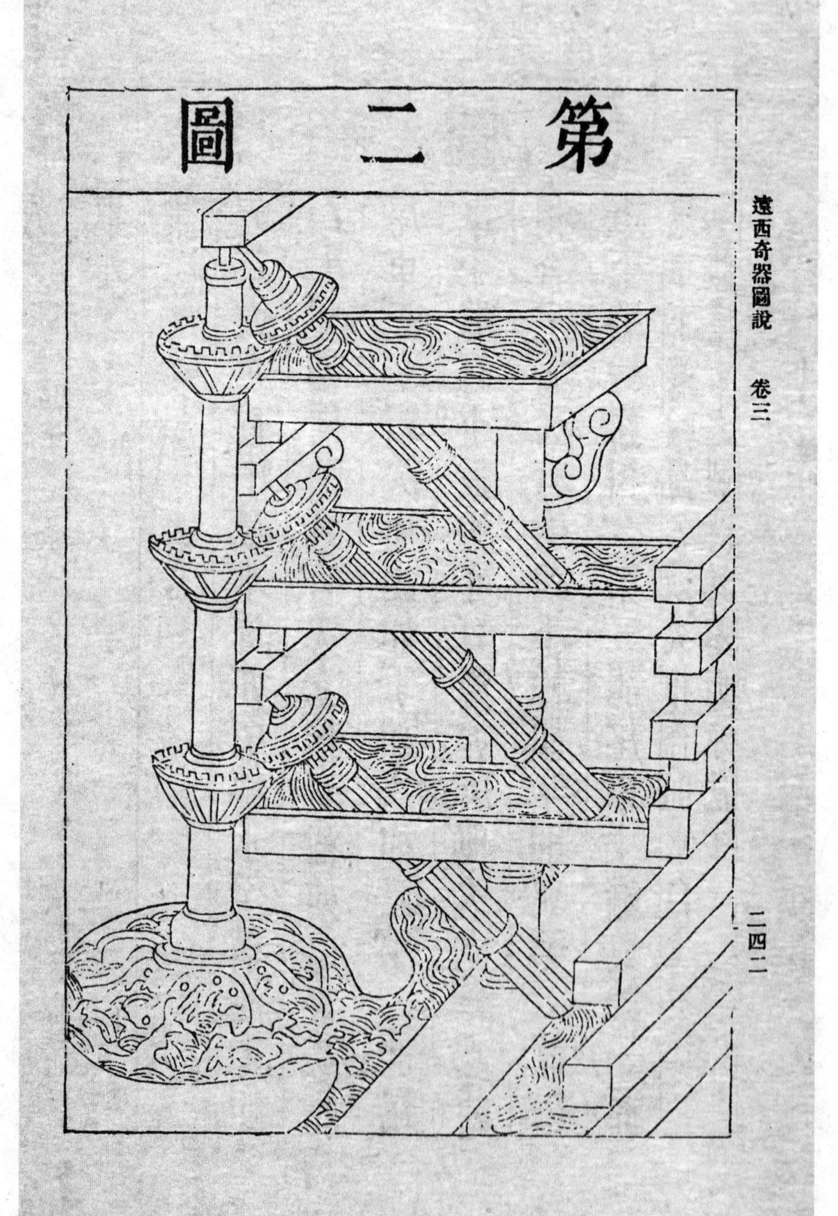
第二圖
遠西奇器圖說　卷三
二四二

第二圖說

說

先爲大立輪層累而上爲三有齒之輪與三龍尾車上端輪齒各相合柱下爲平輪輪之齒各以立板作之外端彎曲如杓樣向水勢衝處水衝其杓杓杓相推則大立柱自轉而三龍尾車自然依次而上水矣但龍尾車各從池水槽中轉旋恐漏水不便故於池中先作空筒上下各長於槽嚴安槽中龍尾車自筒中旋轉庶不致已貯之水下漏爲微妙耳

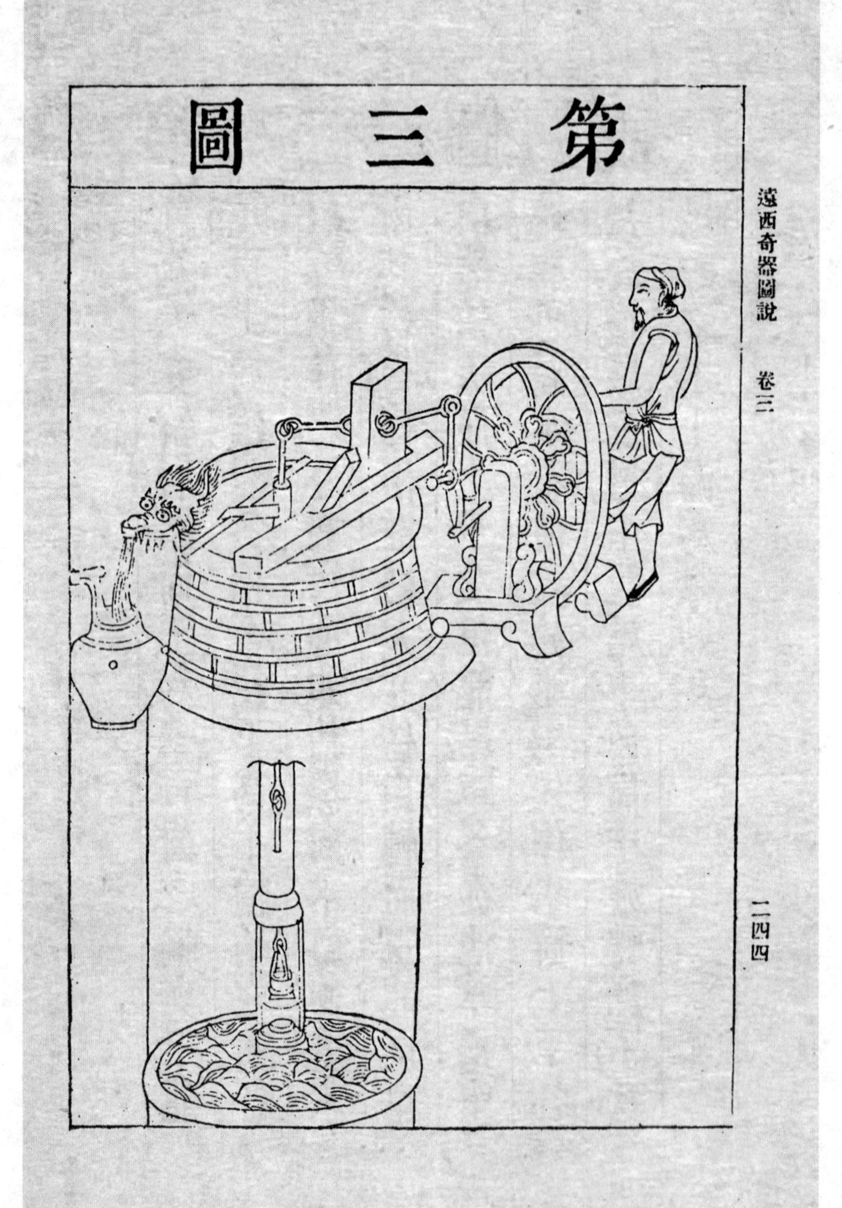
第三圖
遠西奇器圖説　卷三
二四四

第三圖説

説
先爲飛輪之架次於飛輪軸之兩端各安一鐵曲柄但一端向上則一端向下必使相反故以一端繫於恒升車取水竿頂可上可下之木以一端用人力轉之則水升矣飛輪者助人用力之輪也

恒升車之製亦詳具泰西水法中

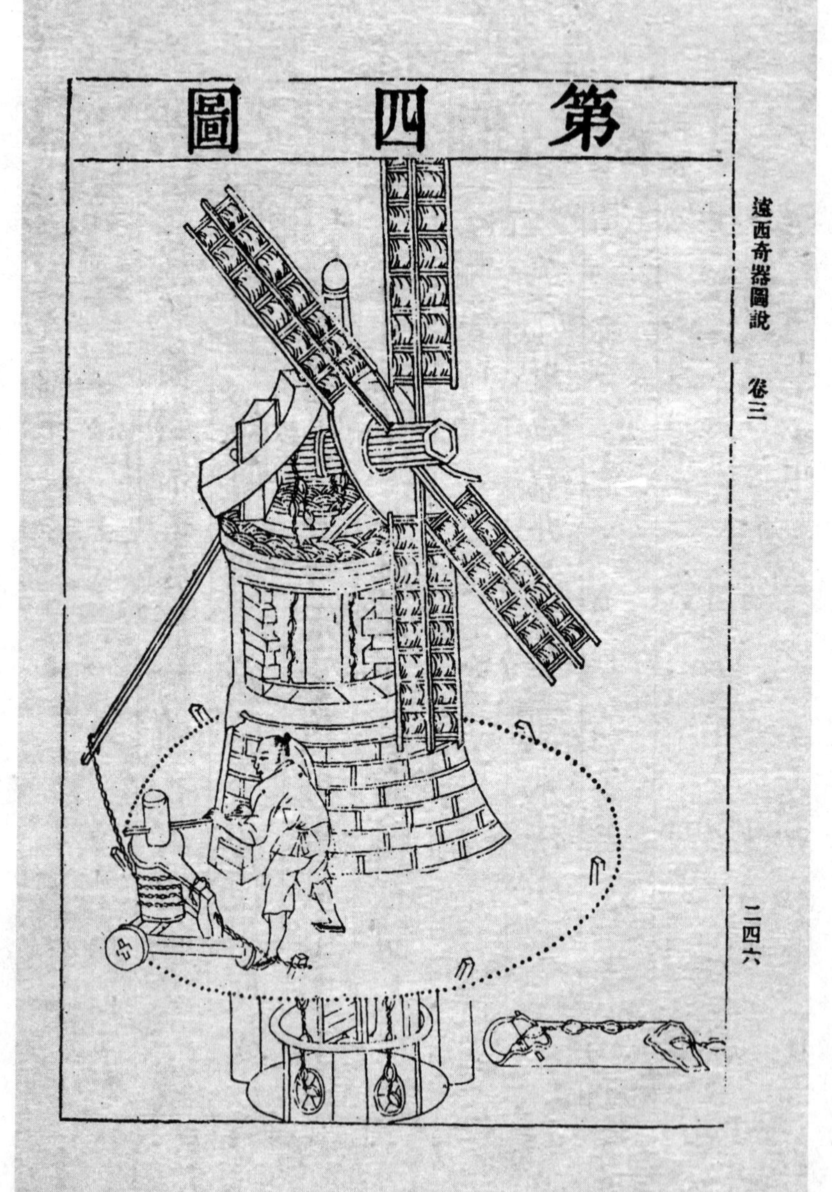
第四圖
遠西奇器圖說　卷三
二四六

第四圖說

說

井中水不能上先作風車以代人畜風車有軸卽在井上以轉井中取水之戽者也但此圖水戽之製非此中常用之戽乃是長筒直貫井底筒底有軸筒中有索貫諸皮球如雞子樣上下俱小以便筒中上下狀若聯珠其數不拘多少惟視索垂井底水中折轉從筒中而上直至井上池中環連不絕爲度蓋以風輪轉軸軸轉皮球之索從筒底軸遞轉而上遞塞其水直從筒中遞湧而上而後吐之井上池中也其作球作筒之法詳如圖旁散形風車之製多端詳後轉磨諸圖中

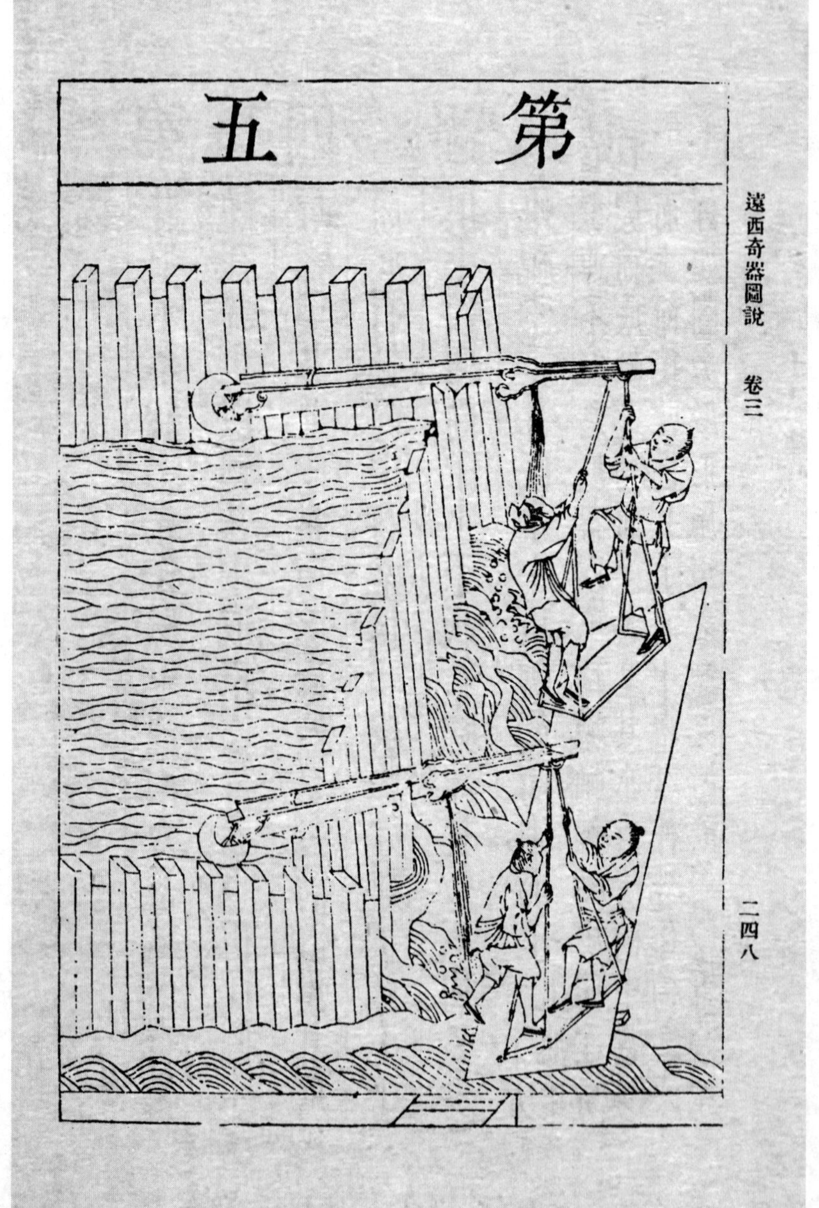
第五
遠西奇器圖說　卷三
二四八

之圖
遠西奇器圖説　卷三
二四九

第五圖說

說

爲長槽前寬後窄于其中平安一軸其前端安一木杓杓上有環繫槽前上端横木上槽前下端有小長板如甲杓入水則滿至高處則因下端小長板所靠不得不倒而吐矣

嚮余曾自作一引水器一名鶴飲一名活桔橰其製一一與此相合但此前端用杓更爲妙耳

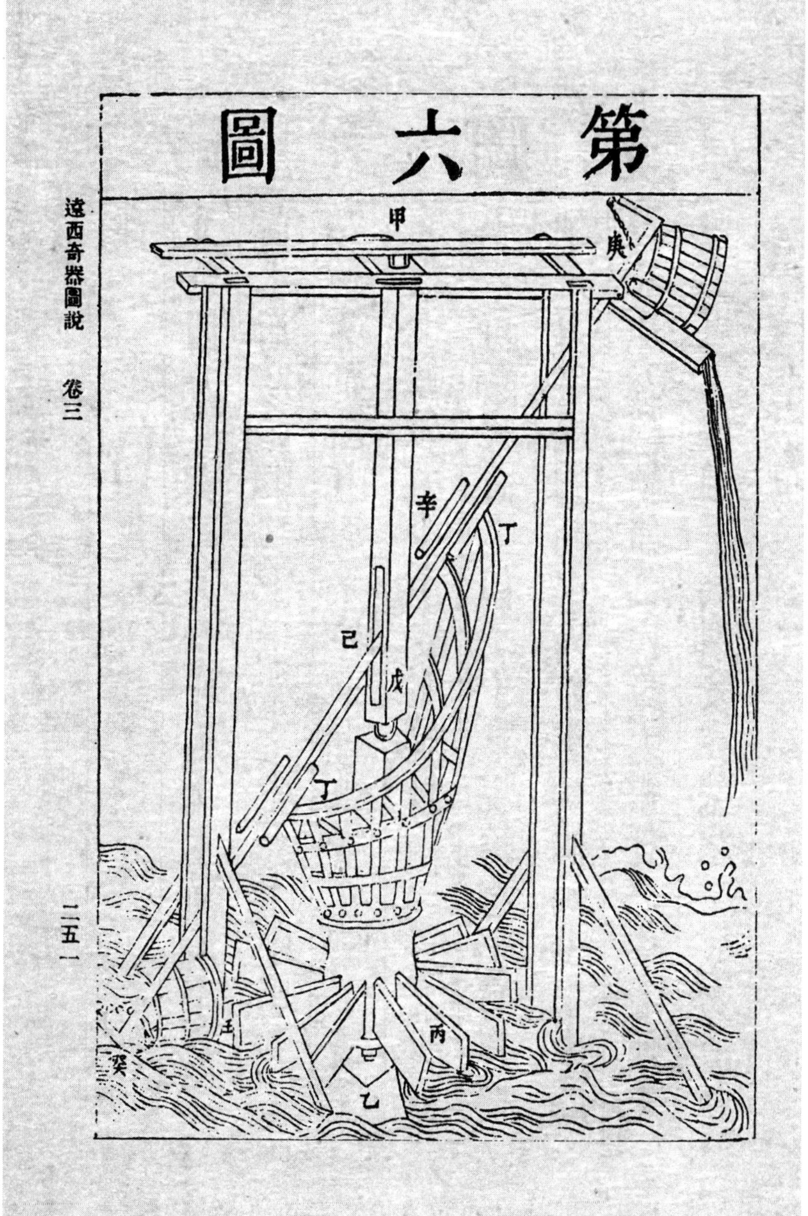
第六圖
遠西奇器圖說　卷三
二五一
甲
庚
辛
丁
己
戊
丁
壬
癸
丙
乙

第六圖說

說

先爲四方立架視天平杆兩端水筒所至高處覆水爲度如甲其下于架之中央水中用方石安鐵窠如乙中爲立柱下有鐵鑽立柱下端安立板大輪如丙少上安半規斜輪一角漸次而下一角漸次而上如丁于半規輪之上另有樞軸在下半規輪軸中央如戊其樞軸少上中開長孔橫安轉軸如已以貫天平杆之中心使之可上可下樞軸上端則安在架之上梁勿令動

也如庚再于天平杆兩畔近半規輪上弦行處護以圓木如辛或護竹皮使其滑澤無滯其天平杆兩盡頭處各安戽筒如壬但須于杆旁橫安小杆繫筒如癸始無礙于杆身而覆水槽中之爲便耳

第七圖
遠西奇器圖說　卷三
二五四
甲
丙
丁
乙

第七圖説

説

先爲兩立柱之架如甲立柱上端有軸夾爲大木杓如乙旁有兩耳中貫橫木如丙其杓柄爲水出之槽卽貫在立柱架上軸内可以轉旋上下如丁耳中所貫橫木有索繫于旁立桔槔之前端後端有垂木中鑿多孔便安木柄隨人高低可用力也此器取水甚多桔槔杆另立巧法任人意爲之

第八圖
甲
乙
丙
遠西奇器圖說　卷三
二五六

第八圖說

說

先爲行輪人行其中如甲行輪中軸兩端各安曲拐一邊曲在上一邊曲在下如乙曲拐方孔之中杆上安滑車如丙于滑車貫處爲立圈下端定在恒升車取水杆頭如丁行輪轉動兩邊自然一低一昂水可遞引而上矣

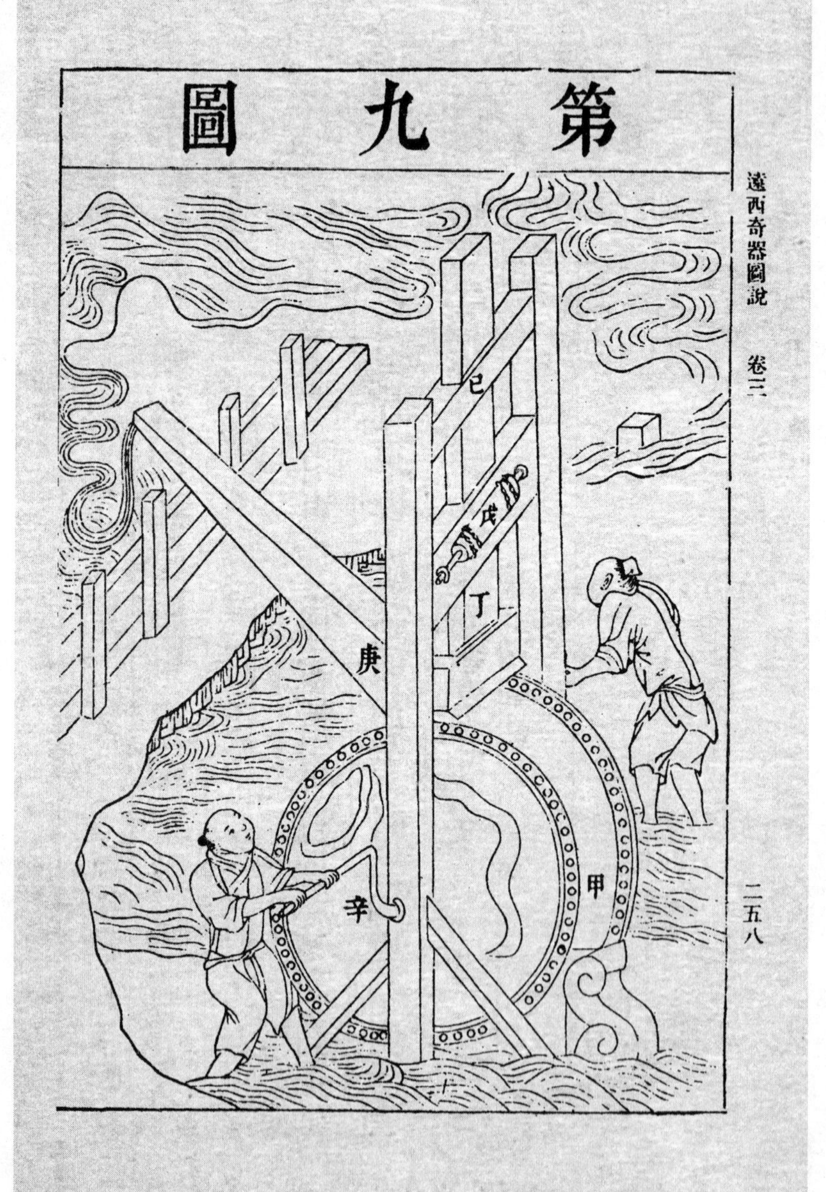
第九圖
己
戊
丁
庚
辛
甲
遠西奇器圖說　卷三
二五八

第九圖說

說

先爲星輪如甲星輪者輪周作大圓齒間中與齒相等亦作圓孔與大星光芒四射相似故名星輪星輪之外作鼓廂如乙鼓廂者上下總一圓圈兩旁以木板廂之其形似鼓故名鼓廂鼓廂一面底中開一小孔入水如丙鼓廂上面開一方孔如丁方孔中安一方屑上方下圓方屑兩旁各安小滑車使方屑易上易下也如戊其安鼓廂及安方屑上下之架如己于方屑方孔之前開孔向上斜安孔筒如庚以便出水先將星輪安置鼓廂之中務使星輪兩旁與輪周齒端圓處緊靠鼓廂圓圈板爲則其星輪之軸直出兩旁架外有曲柄如辛便人運也或另作水轉之輪以轉此星輪亦無不可蓋鼓廂之架安置水中下面小孔自然入水乃以星輪遞轉而上至方屑圓頭垂處水不能再過而前則惟有從斜孔筒中出水而已

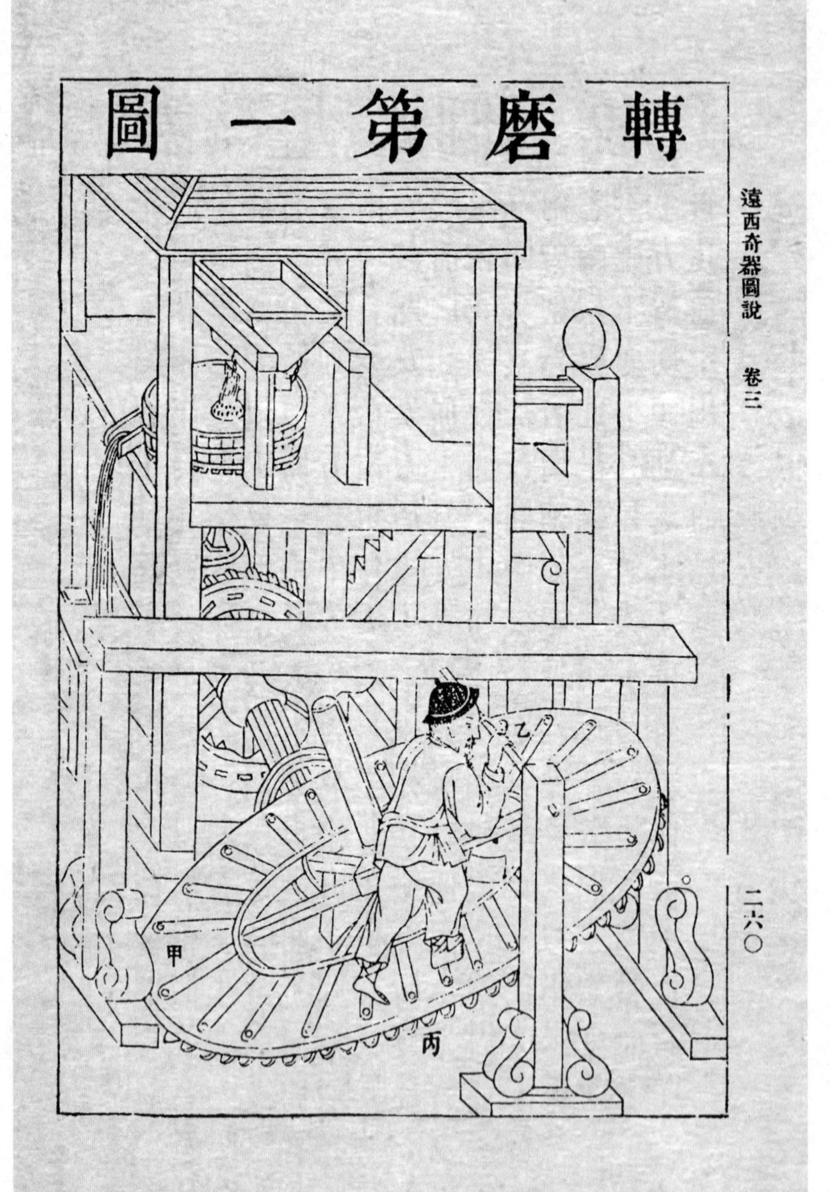
轉磨第一圖
乙
甲
丙
遠西奇器圖說　卷三
二六〇

第一圖説

轉磨

説

爲大輪周有齒中有輻條如甲惟有車軸斜安則輪自然斜轉矣次于斜輪兩旁立架頂上安一横梁如乙以一人手攀其梁而足踏輻條之上欲上不能而輪則必自轉也如丙輪外另安小輪有齒與大輪之齒相合小輪之軸連于轉磨之樞齒各相得磨則無不轉也用力少而人不大勞此其一種

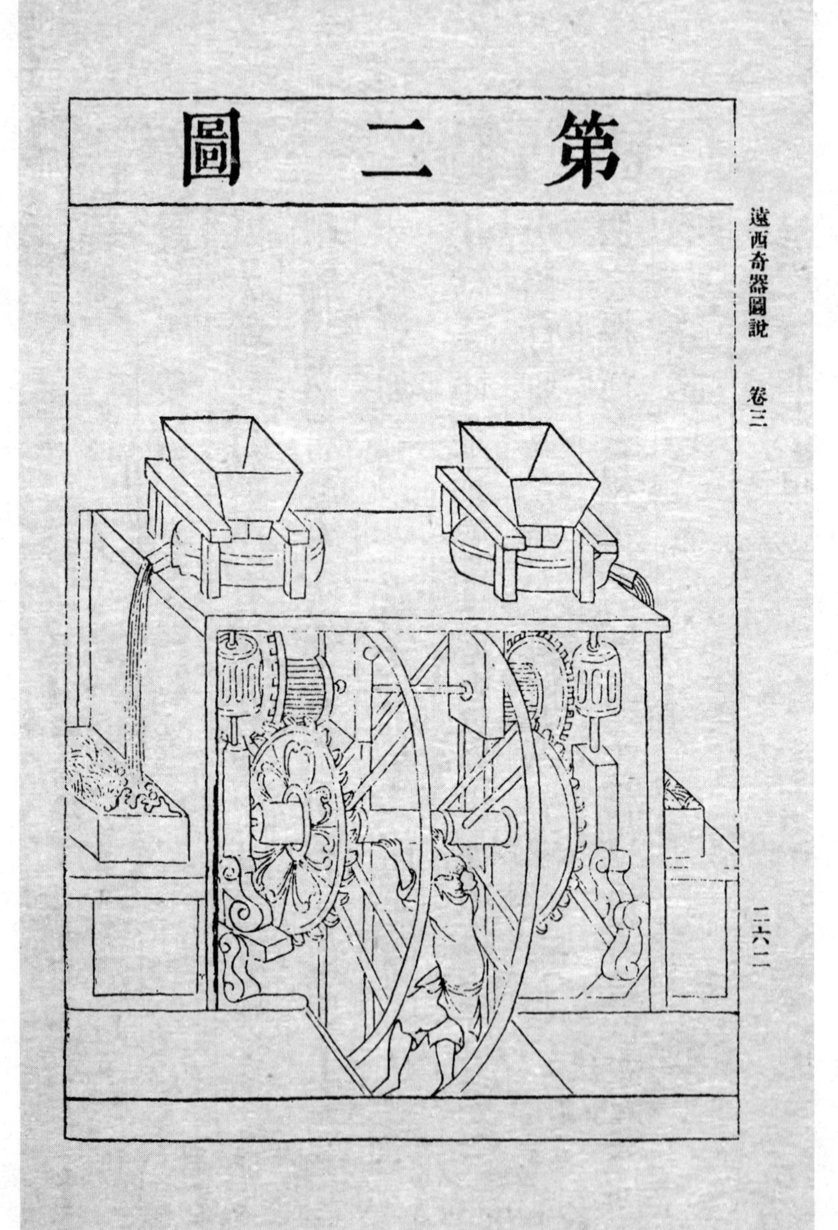
第二圖
遠西奇器圖說　卷三
二六二

第二圖說

說

爲大行輪一具行輪之說已見于前第此輪極大可容兩人並行耳行輪兩旁各安有齒小輪遞轉樞則兩磨可俱轉也一見自明故不細贅

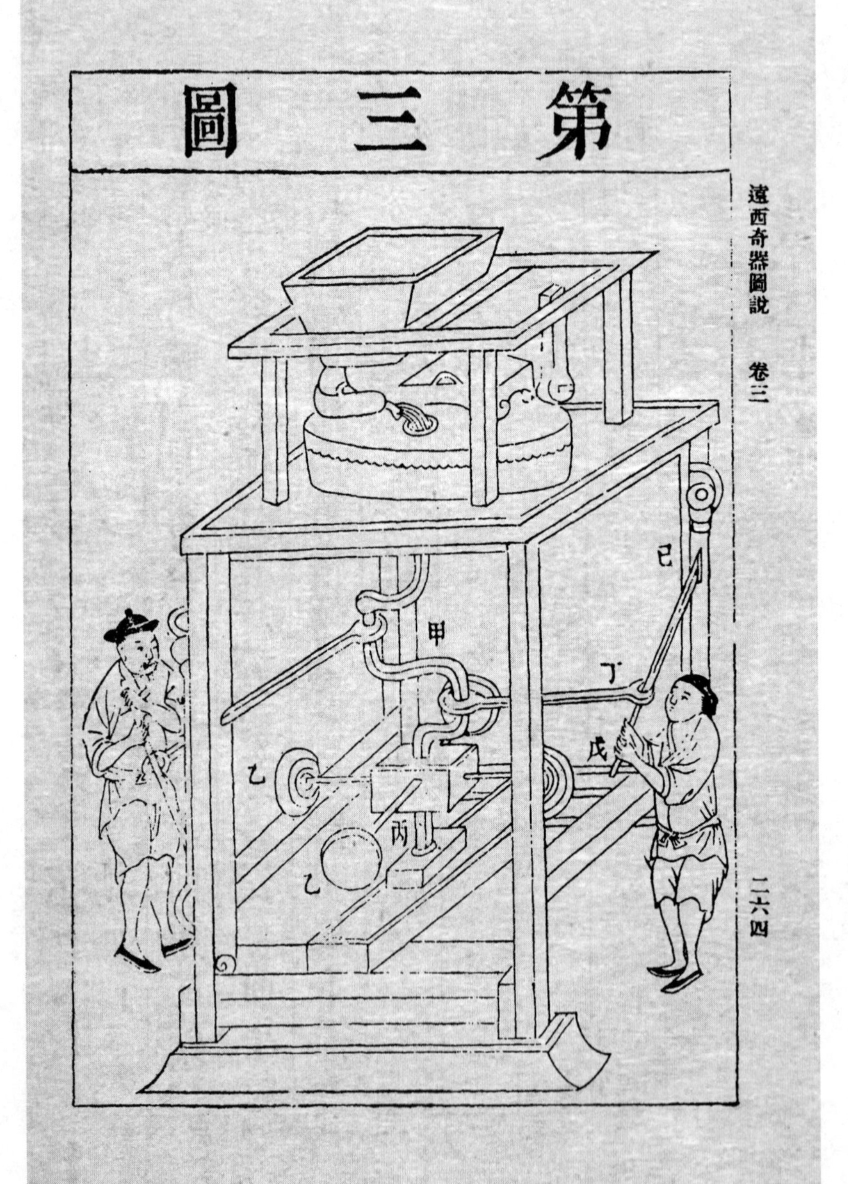
第三圖
甲
乙
乙
丙
丁
戊
巳
遠西奇器圖說　卷三
二六四

第三圖說

說

磨中之樞下安鐵曲拐如甲樞下端再安十字木杆杆末各安鉛桄如乙樞下安鐵鑽入鐵窠中如丙于曲拐中安木桄兩端各爲轉環如丁一端轉環安人手曳桄上如戊其人手所曳之桄上端安于架上立桄亦有轉軸如己一人斜曳其手中之木可前可後而樞端下面十字鉛桄爲之助力則磨自可轉矣倘或磨重于對旁再增一曲拐再用一人對曳如前法尤有餘力

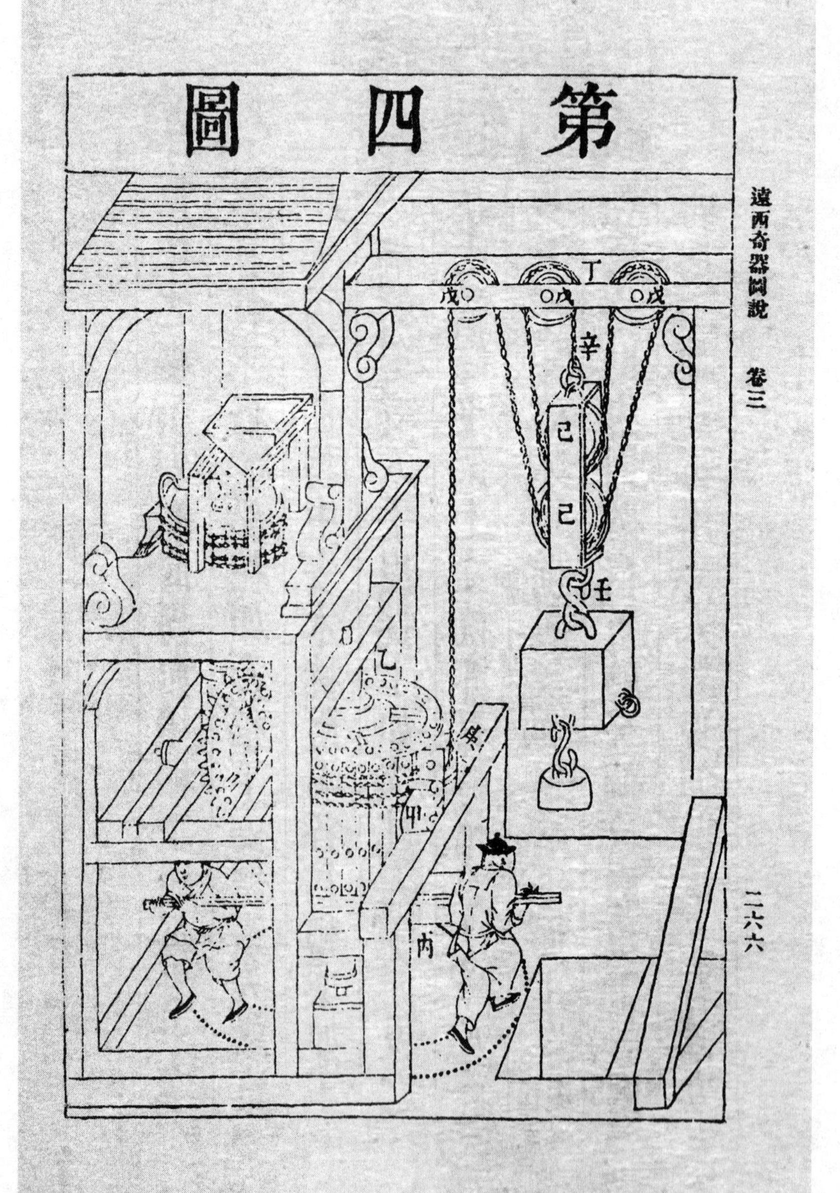
第四圖
遠西奇器圖說　卷三
丁
戊
辛
己
己
壬
乙
丙
二六六

第四圖說

說

磨悉如常惟旁有立柱安大立轆轤繫纏垂重之索如甲轆轤之上安平輪周有懸齒以轉轉磨樞之立輪如乙下有十字杆待重垂下至地用人力推杆則重可復上如丙于立柱之旁另有立架上橫以梁如丁橫梁中開長孔安三小滑車如戊垂重之上有小立框中安兩小滑車如己立柱大轆轤所纏之索平轉從旁立小架滑車之下而過如庚從而上之過梁上第一在

左之滑車折轉而下又從小立框下一滑車之
下折轉而上過梁上第二在右之滑車折轉而
下又從小立框上一滑車而下折轉而上過梁
上第三在中之滑車折轉而下始繫定于小立
框上端小梁上如辛小立框下端小梁有環垂
重之上有鈎鈎于環內如壬重下則磨自轉矣
所以必用此許多小滑車者總令垂重遲遲而
下不易到地其磨可多轉耳垂重下又加小重
者欲人視之多寡自爲增損云爾

此自轉磨也嚮余曾臆想作此試之甚便今
得此實先得我心之同然但此遲遲垂重之
法初則夢想不及也

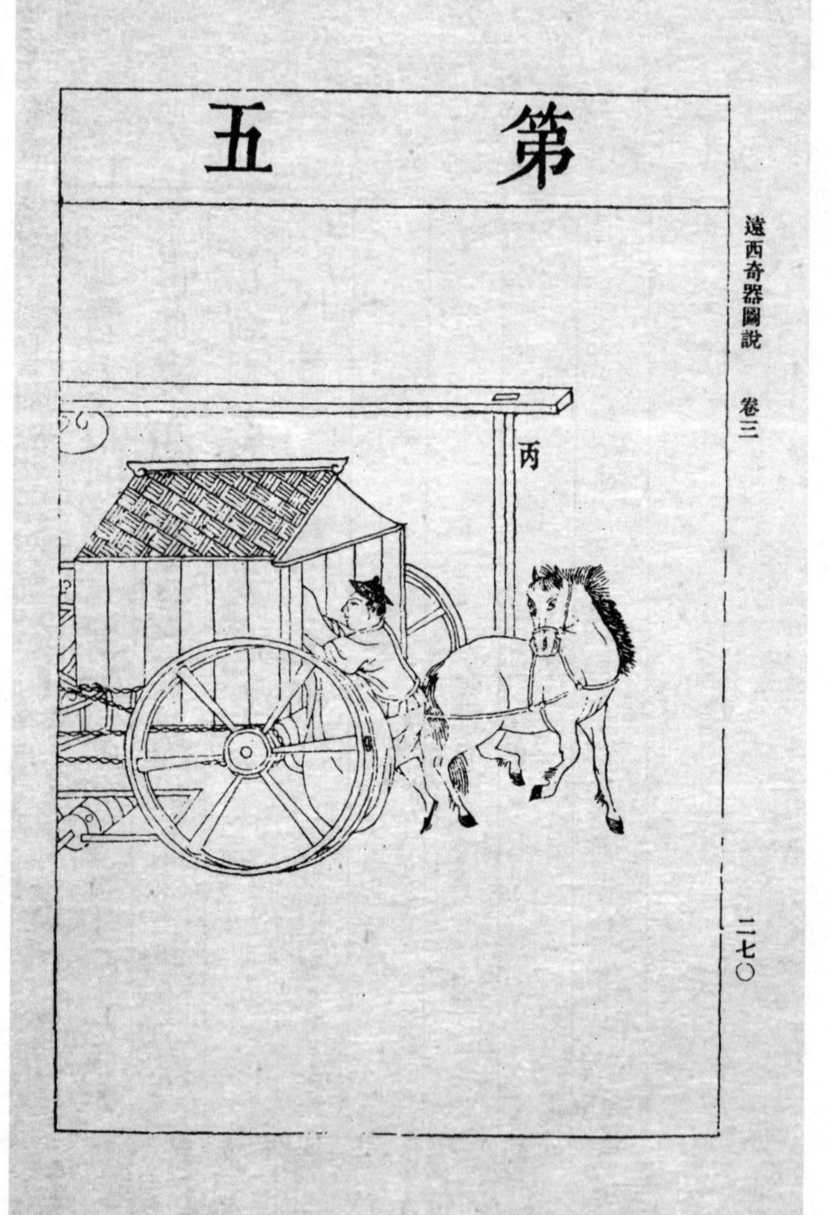
第五
丙
遠西奇器圖說　卷三
二七〇

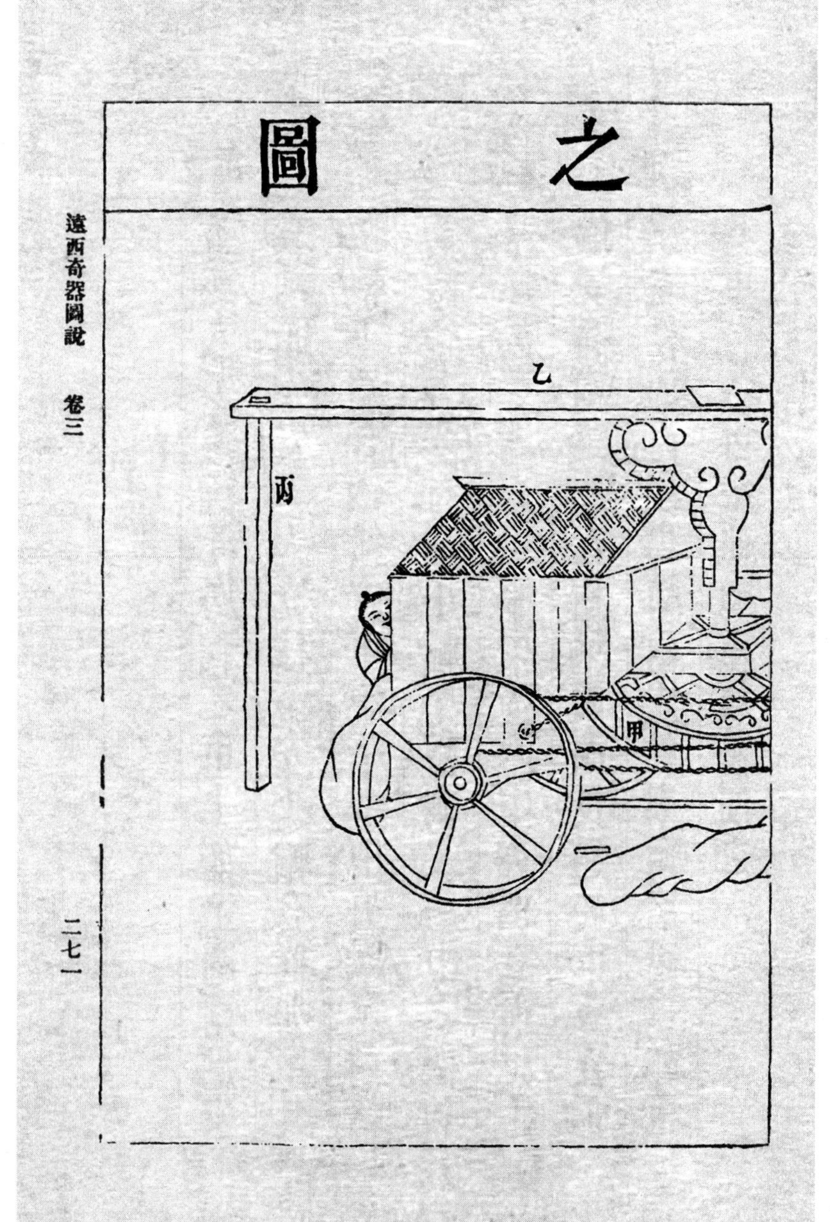
之圖
遠西奇器圖說　卷三
二七一
乙
丙
甲

說

蓋或人多遠行此磨載之車上如上圖兩磨安於兩頭中安一大立柱下安平輪有齒如甲其輪軸下端有鐵鑽安車中平木中央鐵窠內輪齒兩旁各安有齒小輪平轉兩邊磨中之樞其立柱於平輪之上平安橫木中央開孔而上上端安有橫梁如乙橫梁兩頭長過於車各安下垂立柱如丙以馬轉兩立柱則兩磨可自轉也其車行各可載他輜重故甚便之

第五圖說

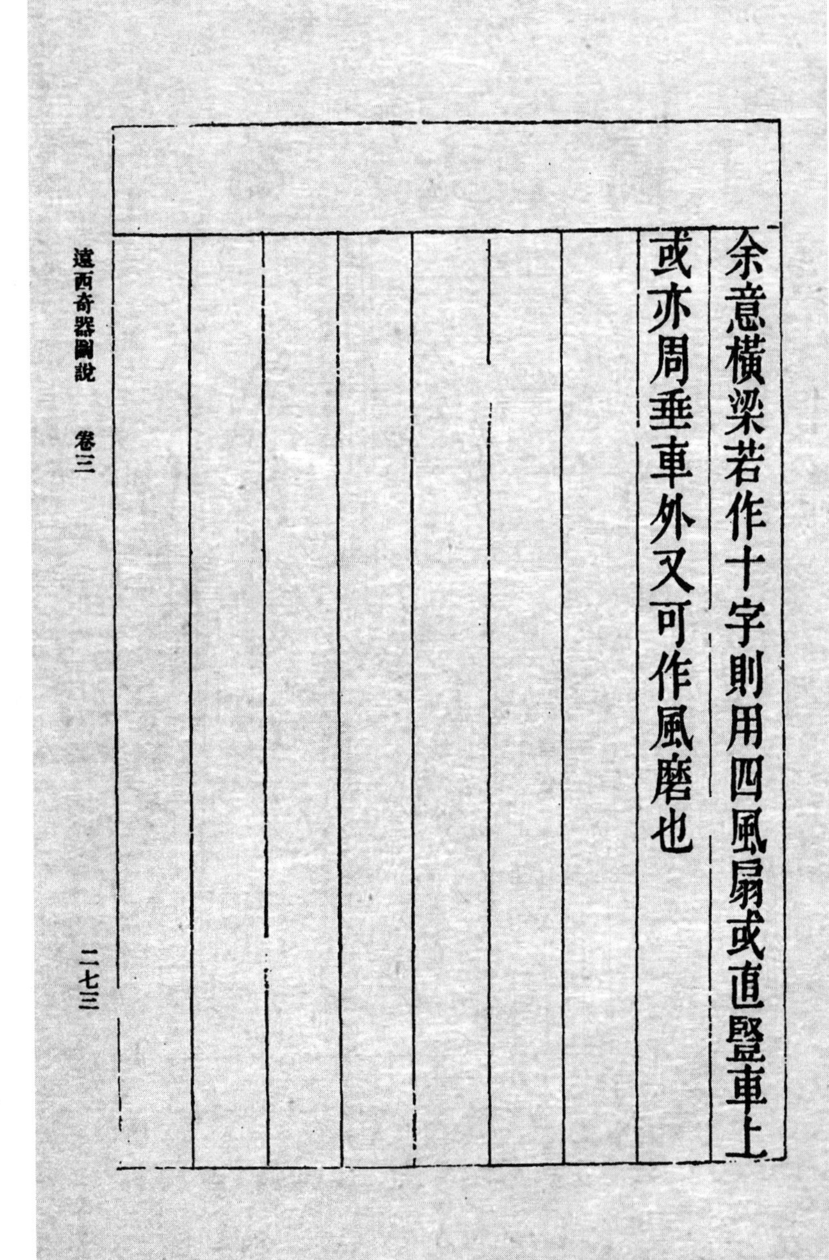
余意横梁若作十字則用四風扇或直竪車上
或亦周垂車外又可作風磨也

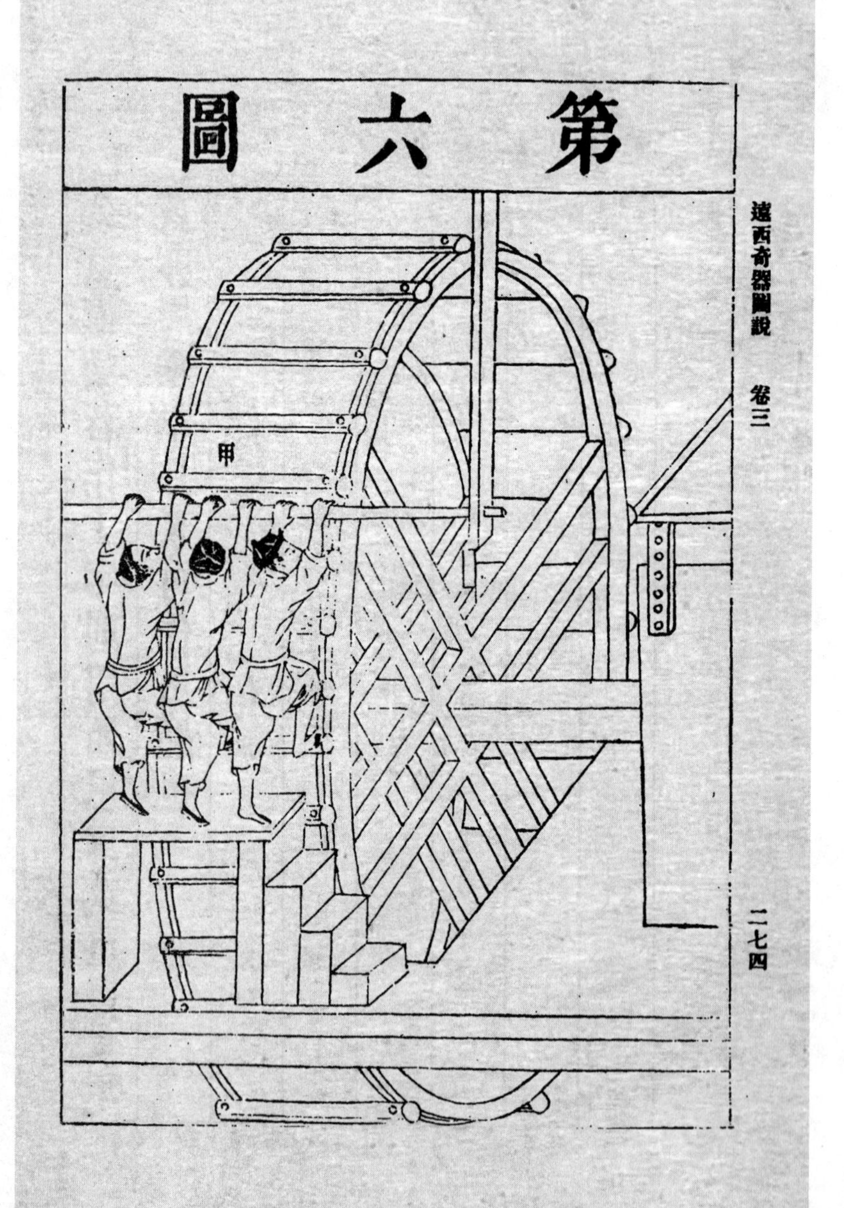
第六圖
甲
遠西奇器圖說　卷三
二七四

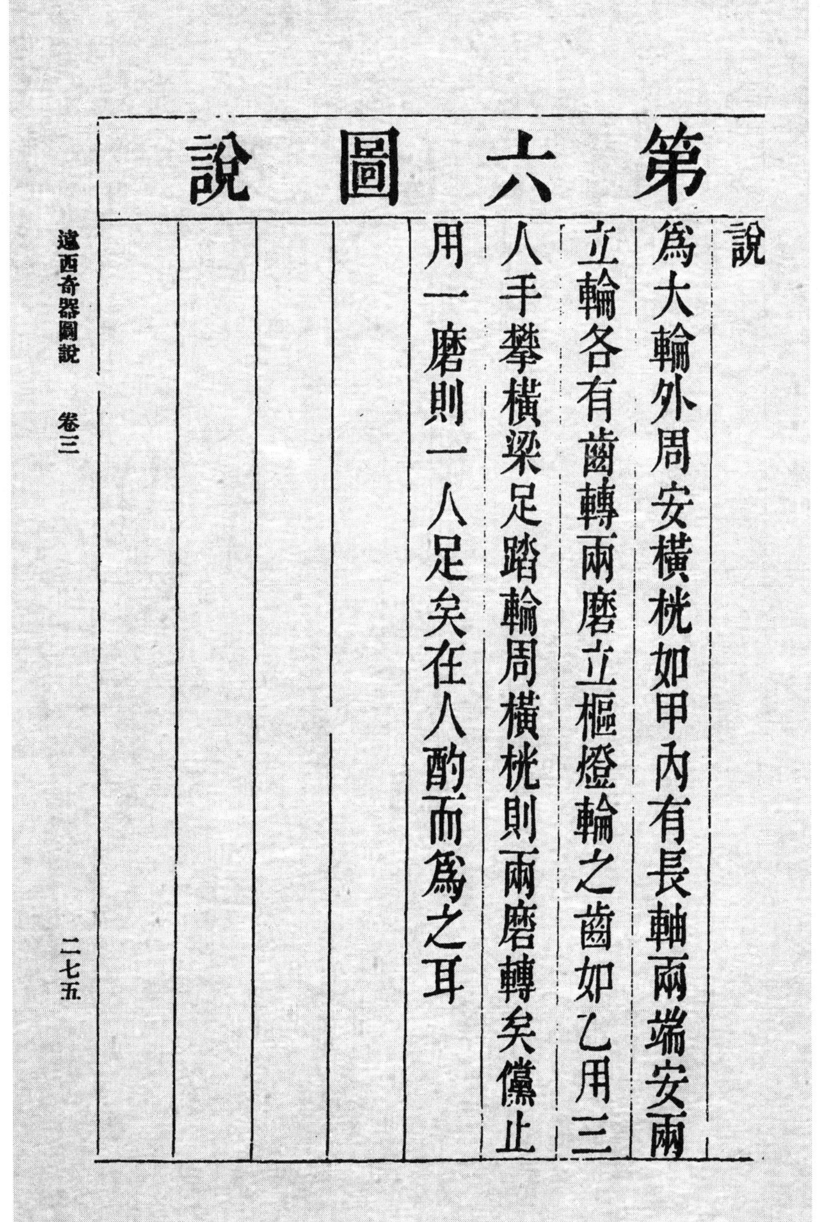

第六圖說

說　爲大輪外周安橫桄如甲內有長軸兩端安兩立輪各有齒轉兩磨立樞燈輪之齒如乙用三人手攀橫梁足踏輪周橫桄則兩磨轉矣儻止用一磨則一人足矣在人酌而爲之耳

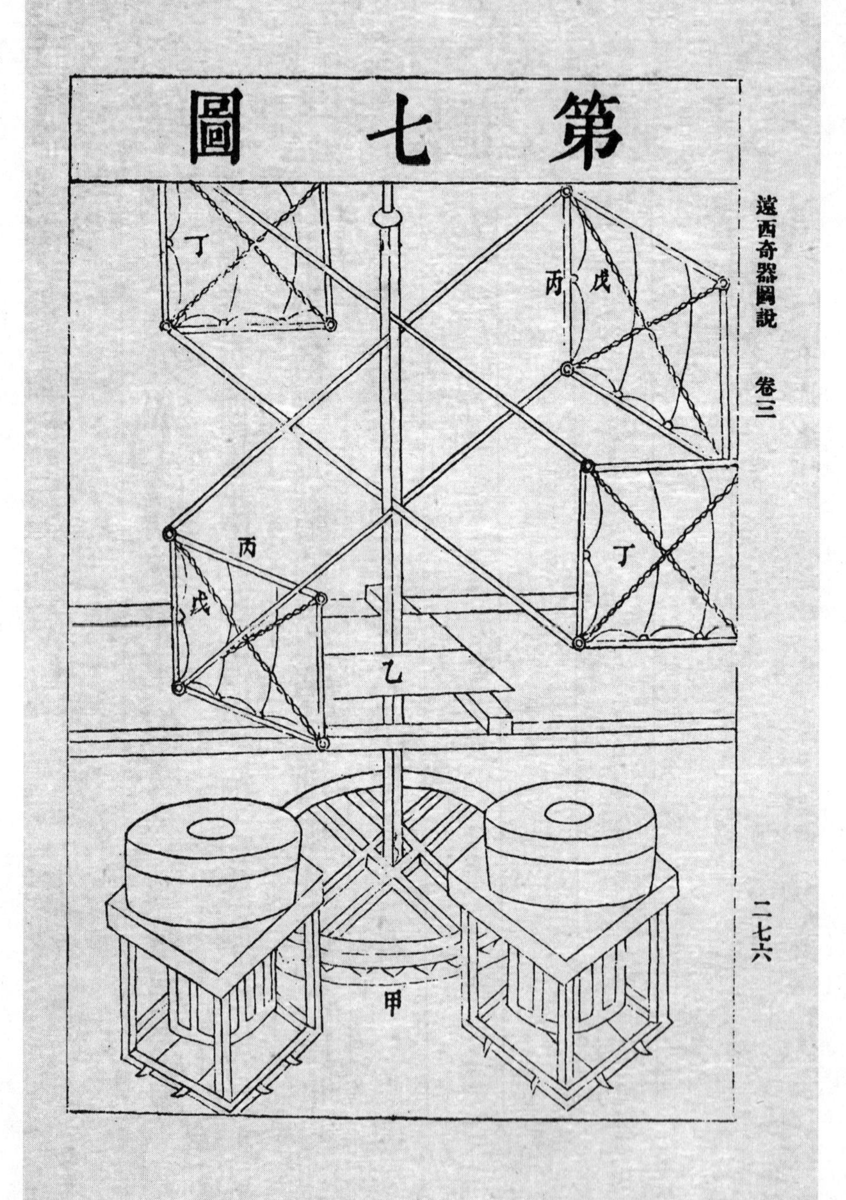
第七圖
丁
丙
戊
丙
戊
丁
乙
甲
遠西奇器圖說　卷三
二七六

第七圖說

說

大輪轉兩磨燈輪之樞如甲總用常法惟大輪軸爲大立柱柱下端有鐵鑽入地臼窠中柱半身處安大木平架中開圓孔柱從孔中透出上去以轉動便利爲度如乙柱上半身安十字兩層橫桄各有立檔如丙四立檔外各掛一大方布框如丁布框可展可收向風吹處則自然展開受風過則自收遞展而遞相受風故兩磨可自轉也布框每面有兩索斜繫如戊者恐風大布力不能當易至損耳

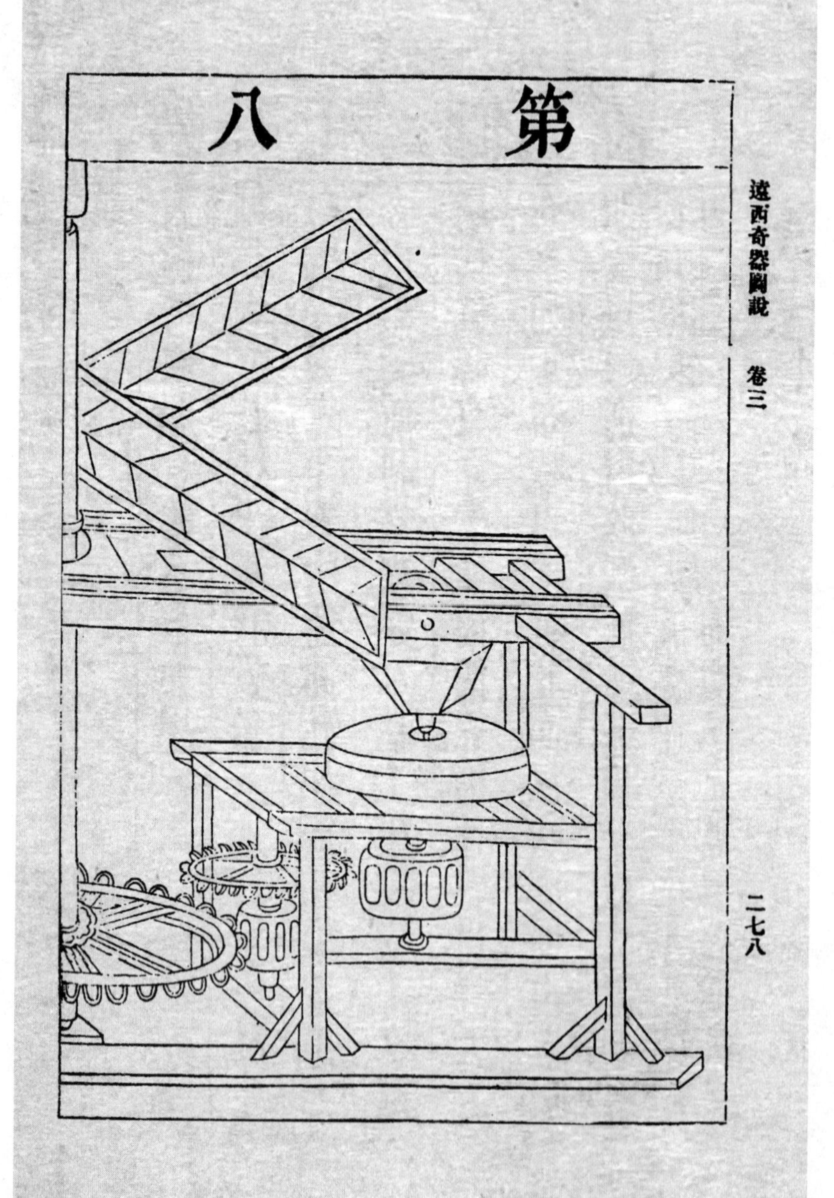
第八
遠西奇器圖説 卷三 二七八

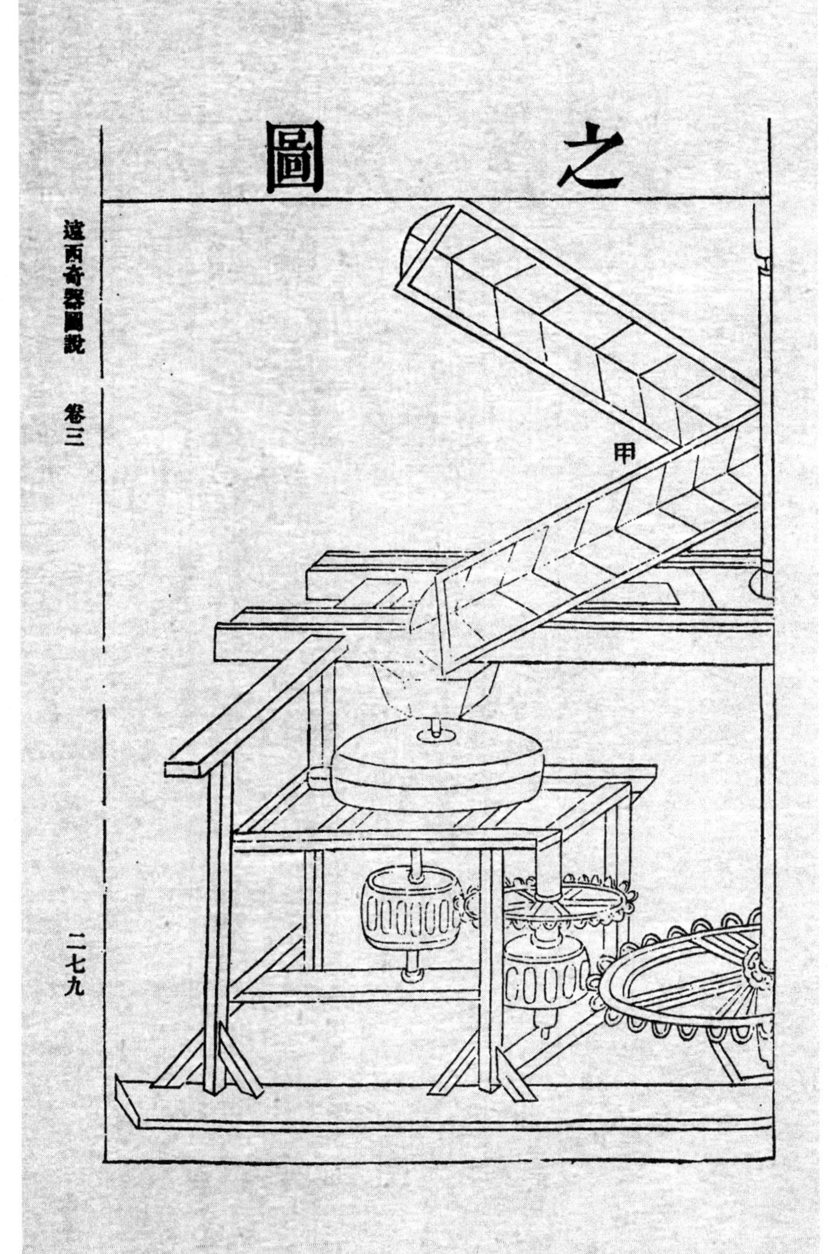
之圖
甲
遠西奇器圖說　卷三　二七九

第八圖說

說

其下悉是常法惟是大輪齒不得遠及磨樞燈輪之齒故各再加兩燈輪立軸上再安有齒之輪庶易及磨樞耳其上風扇則爲長三角形如甲兩面以薄木板爲之更易受風其力尤大也

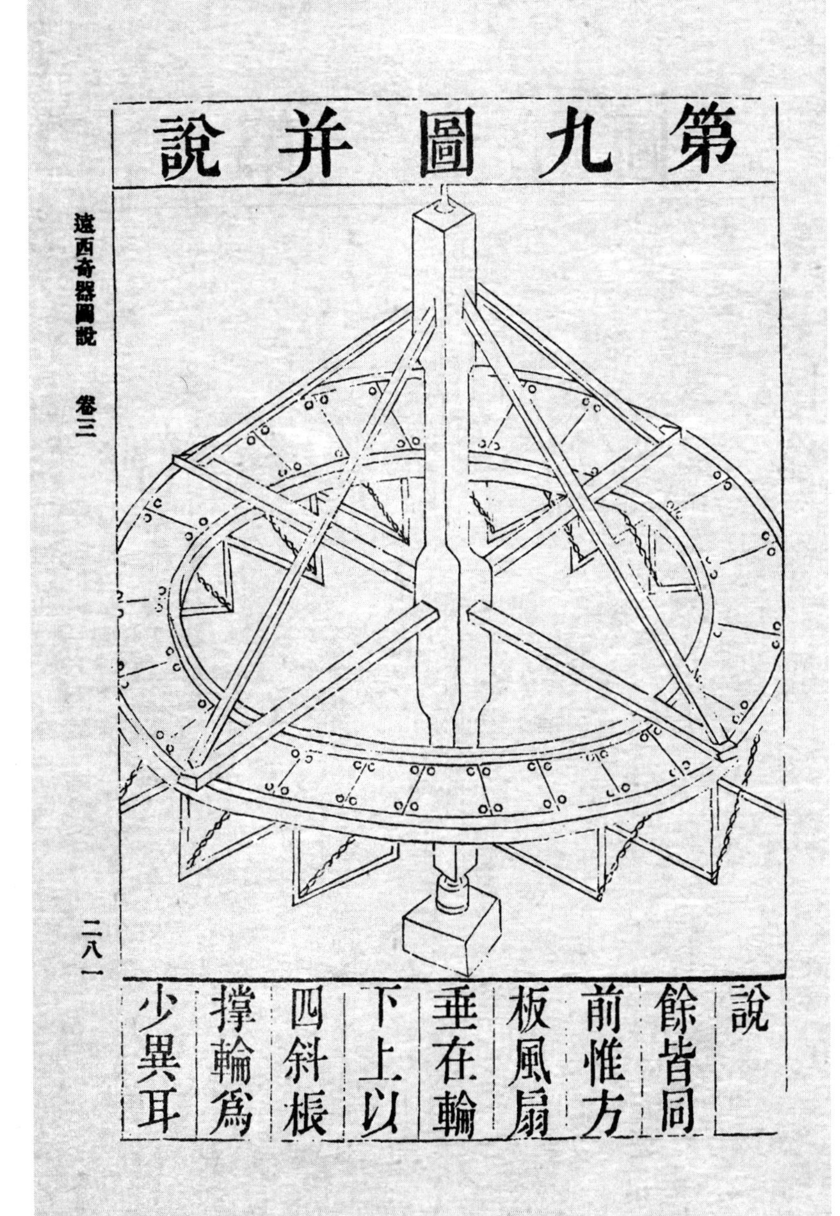

第九圖并說

說

餘皆同前惟方板風扇垂在輪下上以四斜棖撐輪爲少異耳

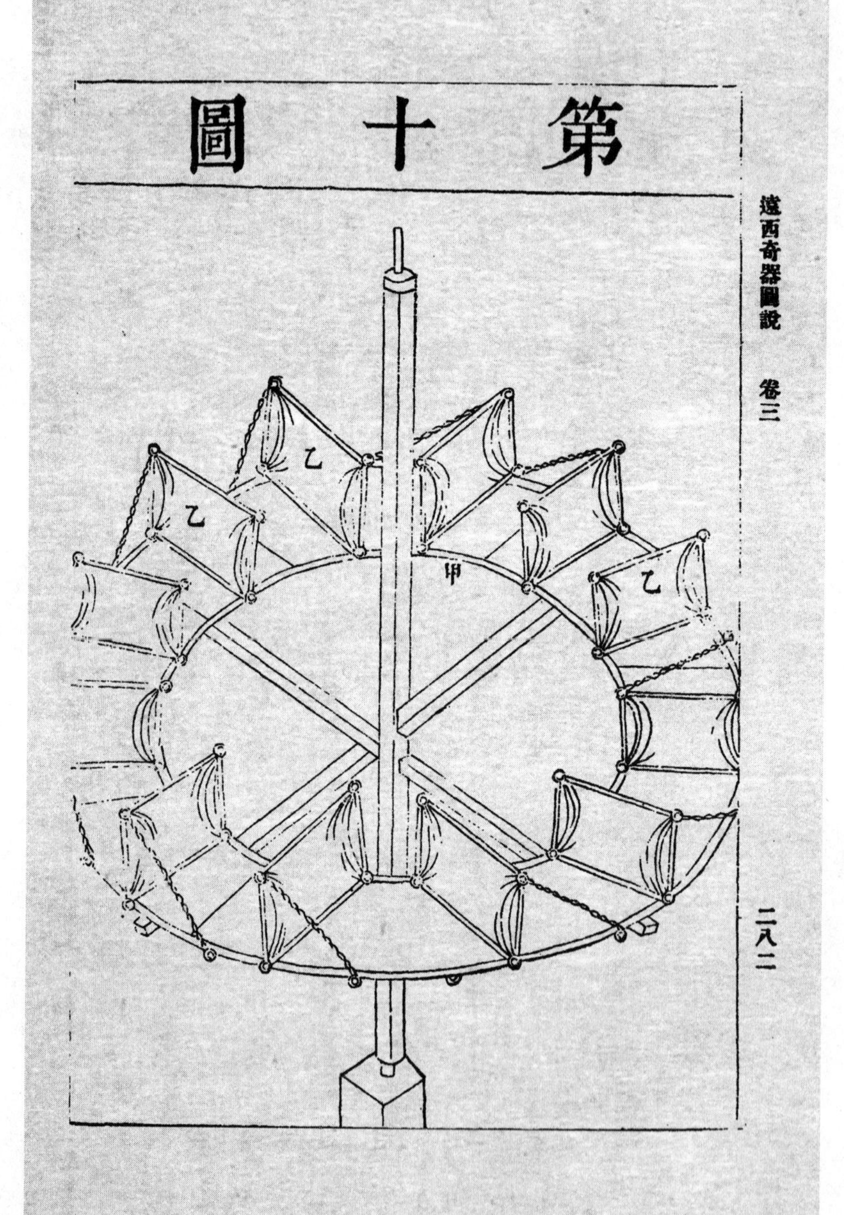
第十圖
乙
乙
甲
乙
遠西奇器圖說　卷三
二八二

第十圖說

說

餘悉同止是立柱平安十字周作輪形如甲於輪上周圍以木板作方風扇如乙每扇一面各有一索繫緊風來則板直立受其吹而自轉然有索繫則又不能前去過風則又自然少垂不阻風也

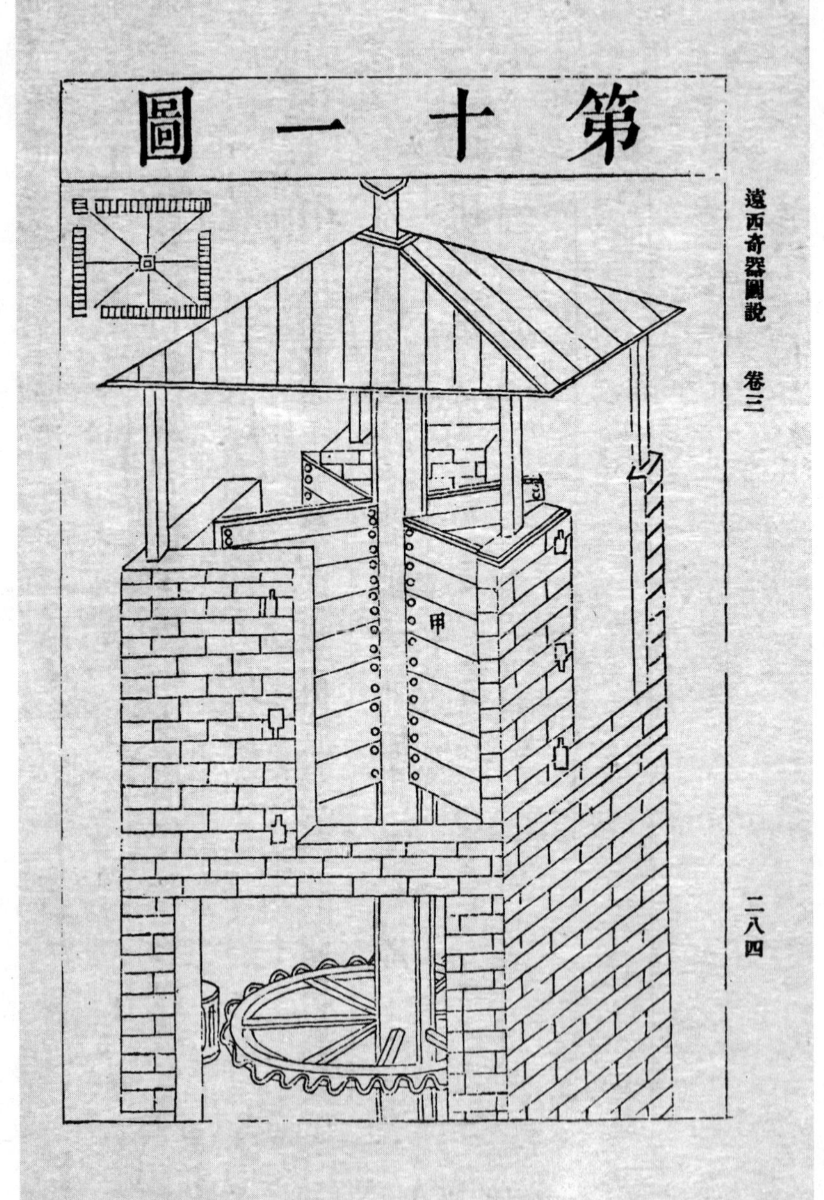
第十一圖
甲
遠西奇器圖說　卷三
二八四

第十一圖說

說

餘悉常法惟是上層周圍有牆每面少開一方以受風入如甲其立柱則上至屋頂轉樞柱安十字木板上下長横少弱耳

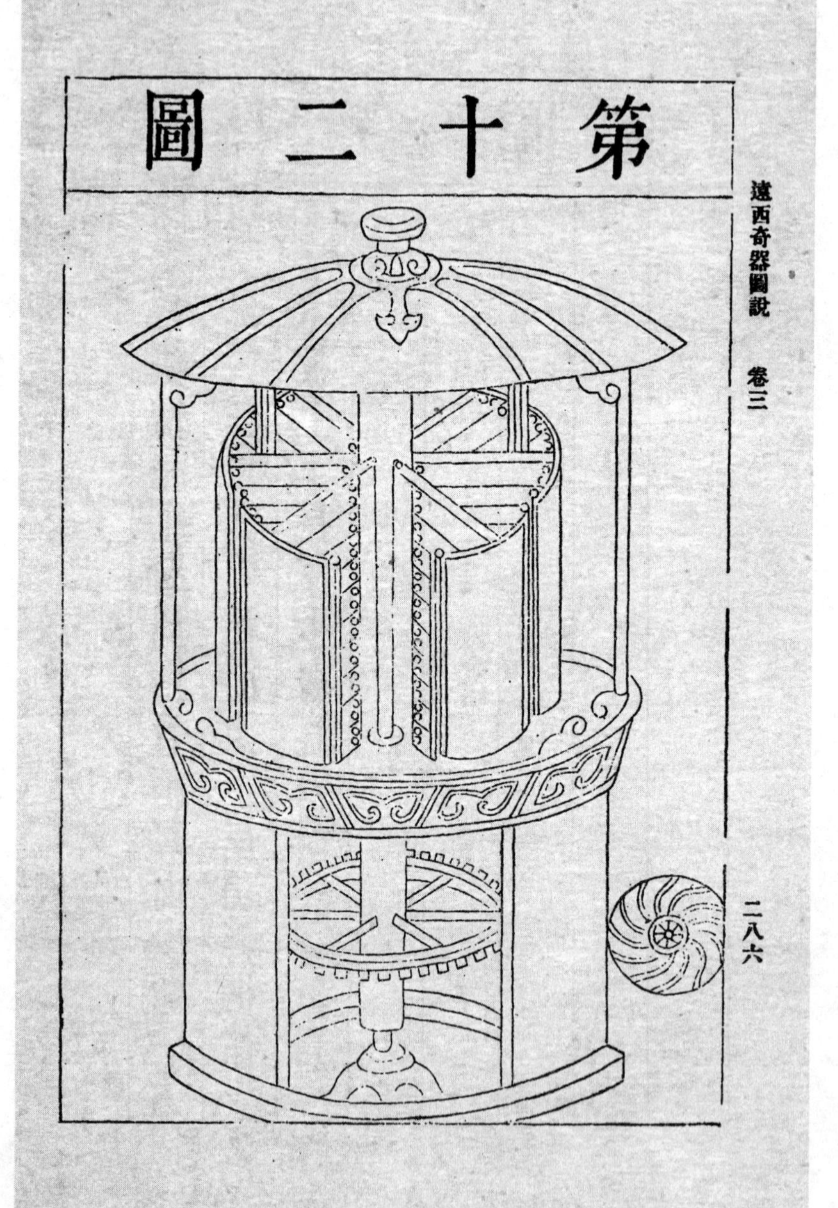
第十二圖
遠西奇器圖說　卷三
二八六

第十二圖說

說

餘如常止立柱上安八風扇爲異其風更大也

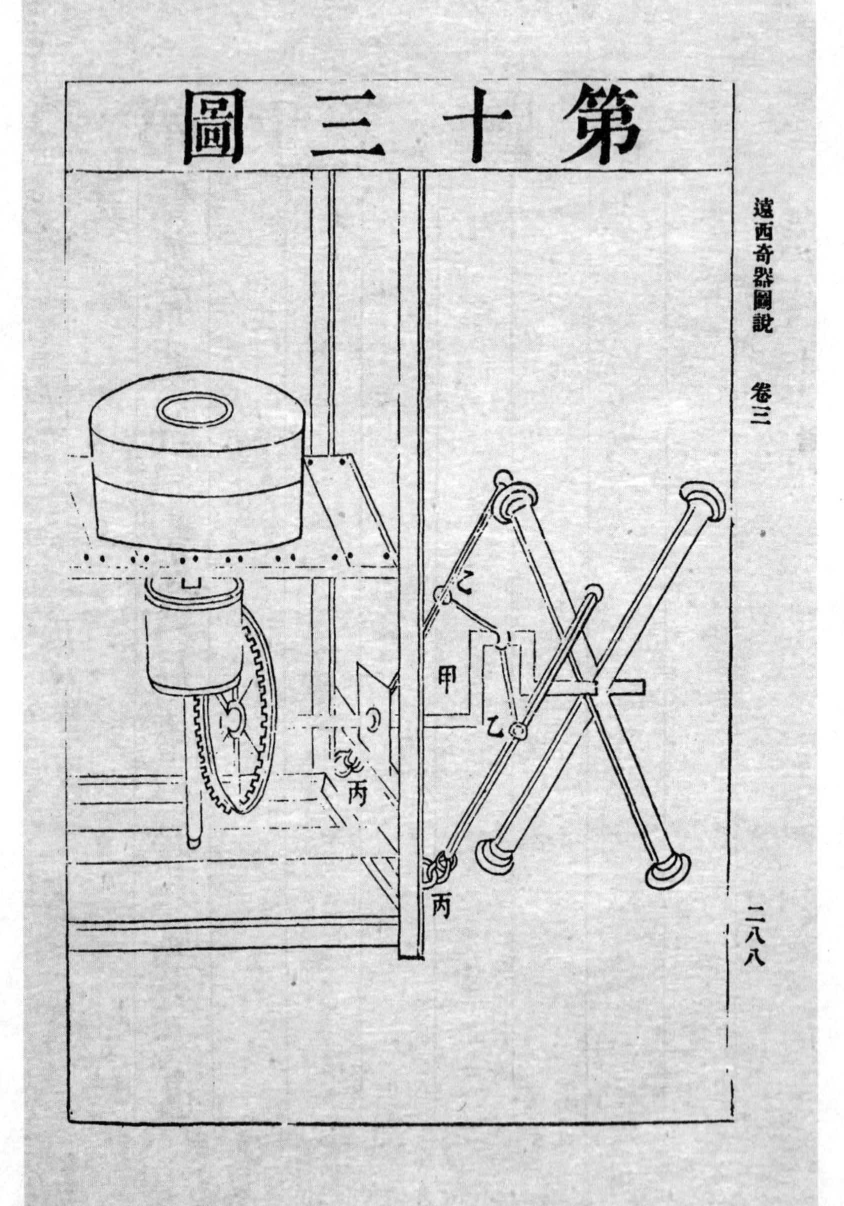
第十三圖
乙
甲
乙
丙
丙

第十三圖說

說

餘俱如常惟於轉磨樞燈輪之立輪安長鐵軸於架外作曲拐方形如甲於鐵軸盡處定安十字木兩頭悉是鉛柁使重而易轉以助人力有如飛輪於曲拐方形轉處貫以鐵環兩端各繫以索其索一端繫木杆中環上如乙其杆下端則定在地上有環可轉如丙兩人對曳其杆一來一往則飛輪助力磨之轉甚便且省力也視人周行磨外節勞不啻數倍矣

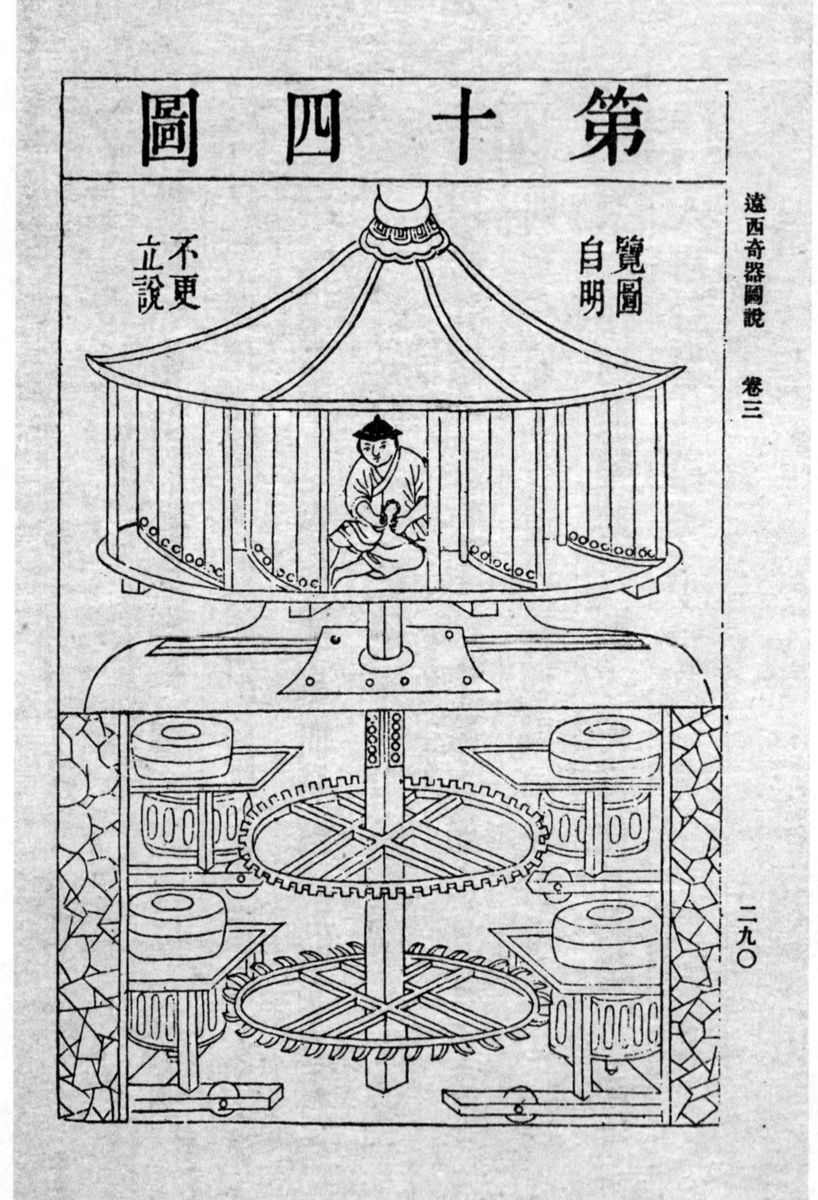
第十四圖
覽圖自明
不更立說
遠西奇器圖說　卷三
二九〇

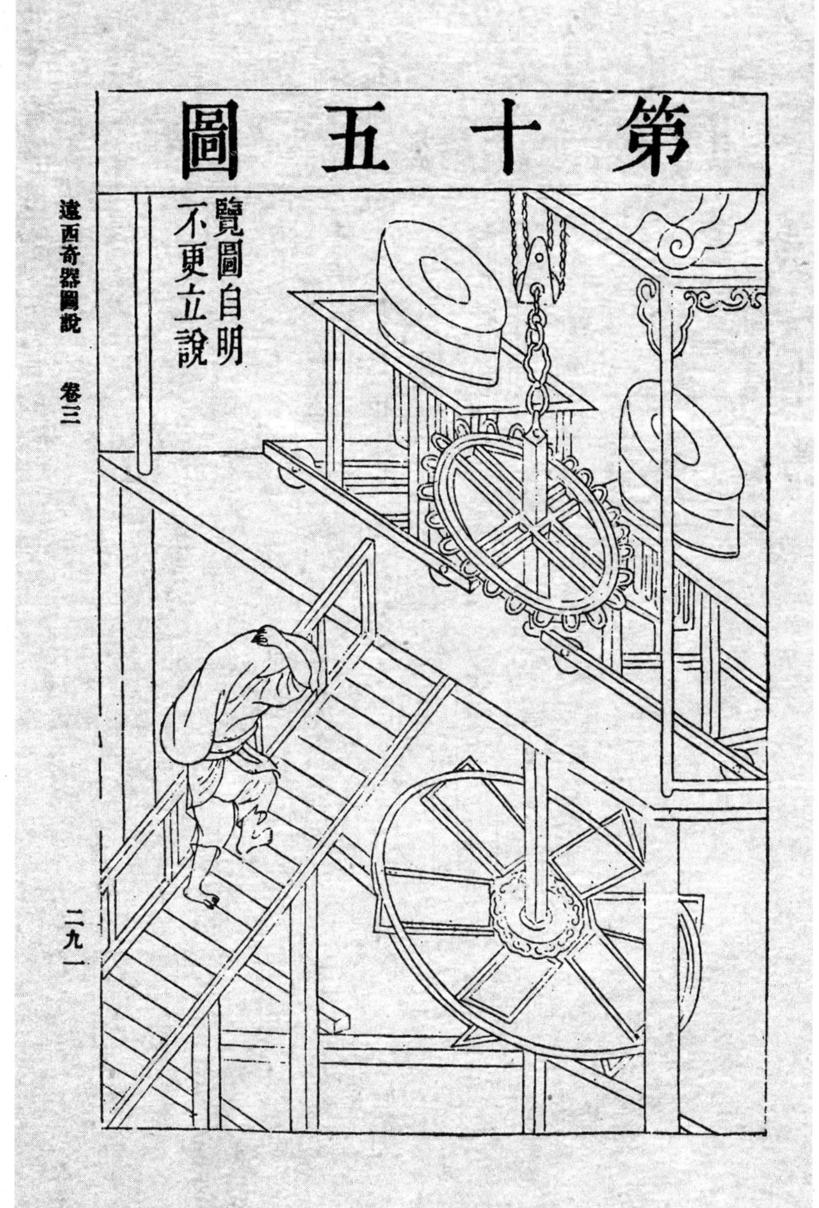
第十五圖
覽圖自明
不更立說
遠西奇器圖說　卷三
二九一

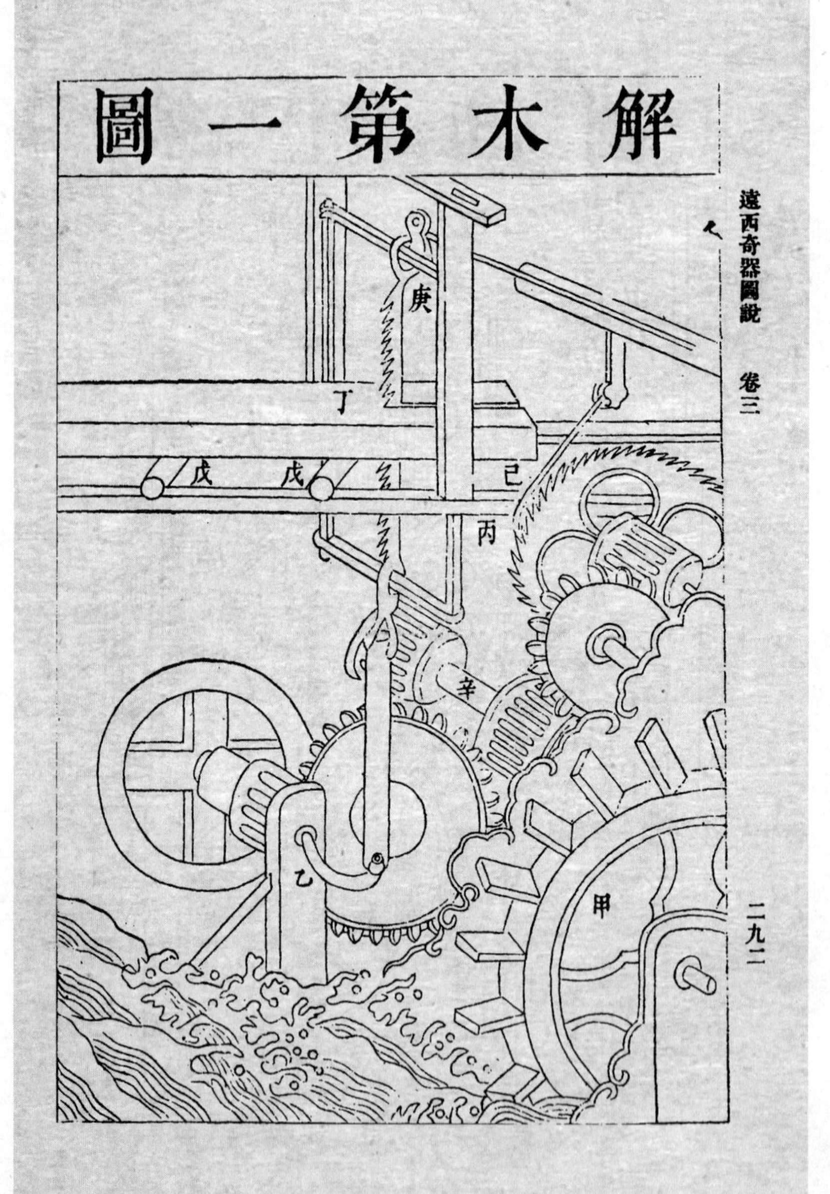
解木第一圖
遠西奇器圖說　卷三
二九二
庚
丁
戊
戊
己
丙
辛
乙
甲

第一圖說

解木

說

先爲水輪並架如甲水輪軸一端出架外連以曲拐如乙曲拐之上連有立鐵杆兩頭有環下端環貫曲拐之末上端環貫鋸之下檔木上鋸齒居中兩旁連檔立柱則各上下兩立槽中如丙外水輪轉則曲拐一上一下而鋸齒亦隨之一上一下矣此解法也但能使木來就鋸則其中尤有巧法須細詳之葢木置架上架兩頭有

四立柱之夾木如丁架又總安一長槽中下有
小圓棍木數個如戊木之未解左端盡處有索
繫于架下斜齒鐵輪之軸如己旁有長杆尖頭
有鐵叉以起斜齒之齒如庚者則又定在遠旁
大轉木之下端如辛大轉木上端有小杆亦斜
連于鋸下檔之下如壬鋸一上則帶轉木上端
小杆亦上轉木亦必少少斜轉而上有鐵叉之
長杆勢必起一斜齒而自出其上矣鋸一下轉
木亦必少少斜轉而下則叉杆又入第二齒下

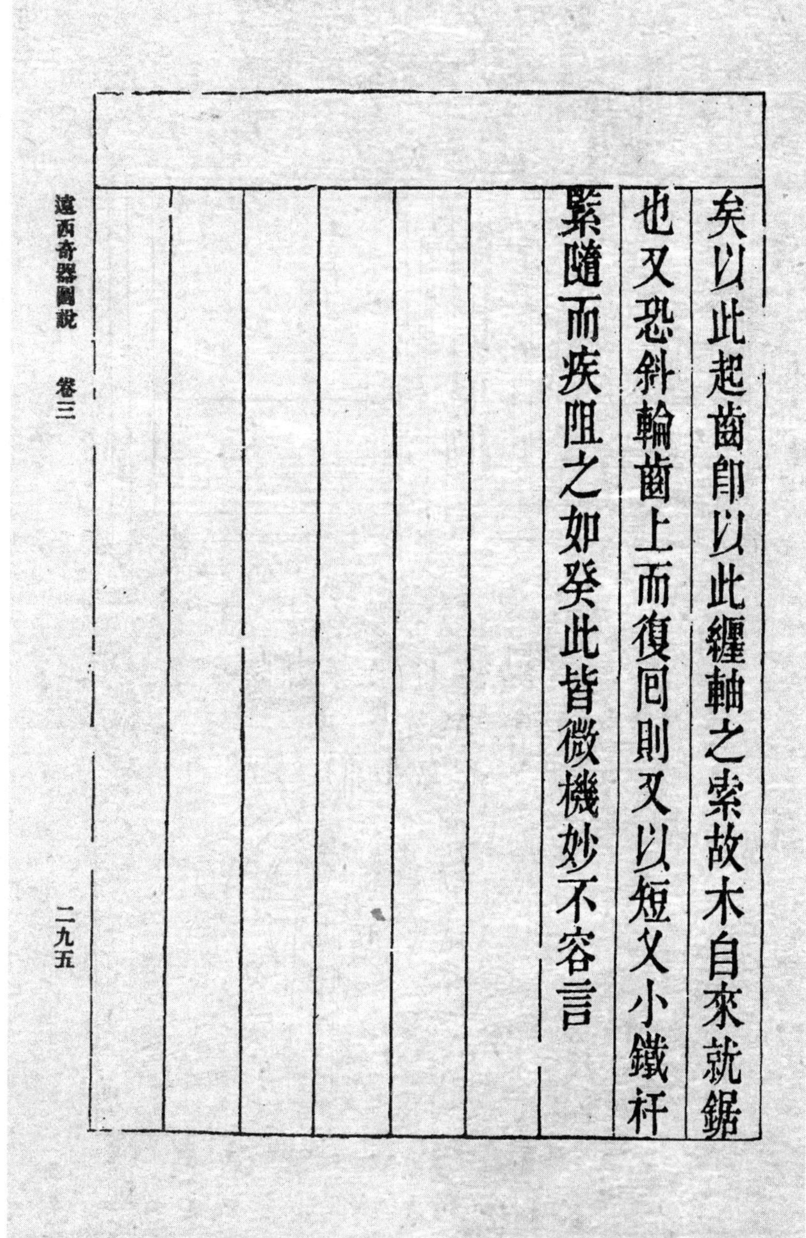

矣以此起齒即以此纏軸之索故木自來就鋸

也又恐斜輪齒上而復回則又以短叉小鐵杆

緊隨而疾阻之如癸此皆微機妙不容言

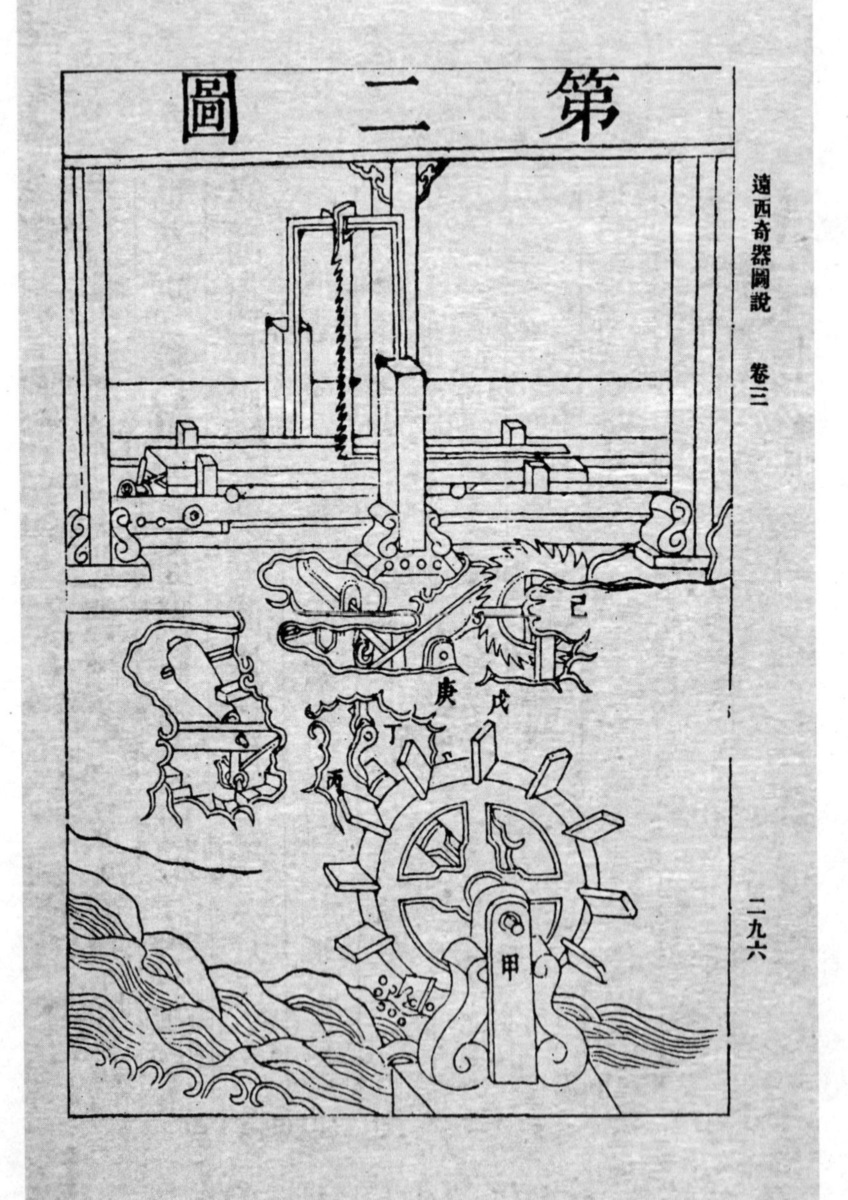

第二圖
遠西奇器圖說　卷三
己
庚
戊
丁
乙
丙
甲
二九六

第二圖説

説

先爲立柱架安大水輪如甲水輪同軸另安有齒之輪如乙一邊齒轉燈輪燈輪助以飛輪如丙飛輪與燈輪同軸軸之一端有鐵曲拐上連曳鋸之木如丁又水輪有齒之輪一邊轉小燈輪同軸又有小燈輪遞轉旁安有齒小輪如戊有齒小輪遞轉上小燈輪小燈輪同軸有鋸齒鐵輪如己鋸齒鐵輪之軸則繫轉木就鋸之索者也其阻齒勿回之叉則以鋸上端之木旁轉而上下之如庚其消息與第一圖略相同

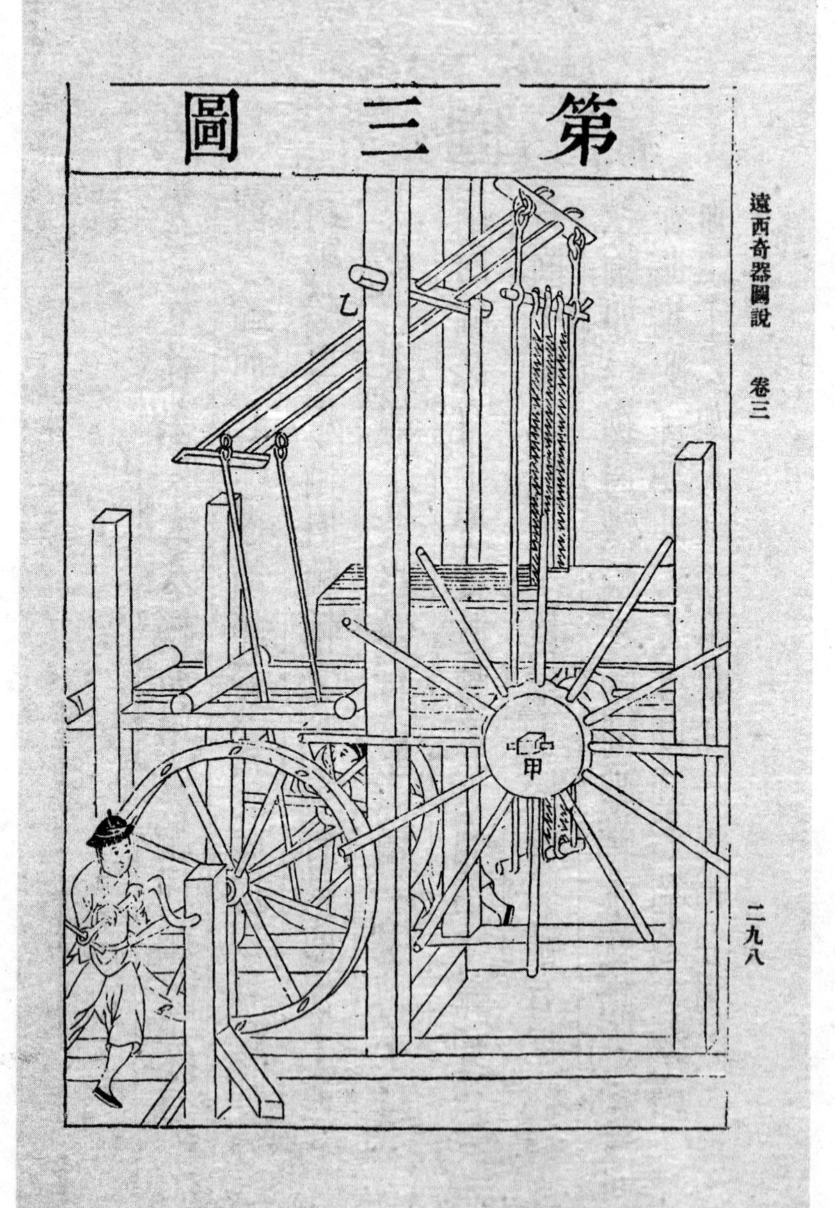
第三圖
乙
甲
遠西奇器圖說　卷三
二九八

第三圖說

說

安鋸置木之架圖自分明不細贅惟是架中兩旁各有長輻條之大輪如甲其輻條盡頭須各挨入人攬大輪之輞少許使人攬輪上旁安之小木樁易掛轉也兩輪通爲一軸軸纏轉木之索使木來就鋸其人攬兩輪亦通貫一軸但軸之中作曲鐵拐貫兩長鐵杆直貫于轉鋸上下之長橫梁上如乙兩軸外各安曲柄相對兩人攬之鋸自可轉而每輪一周木樁可轉一輻條木亦自來就鋸也

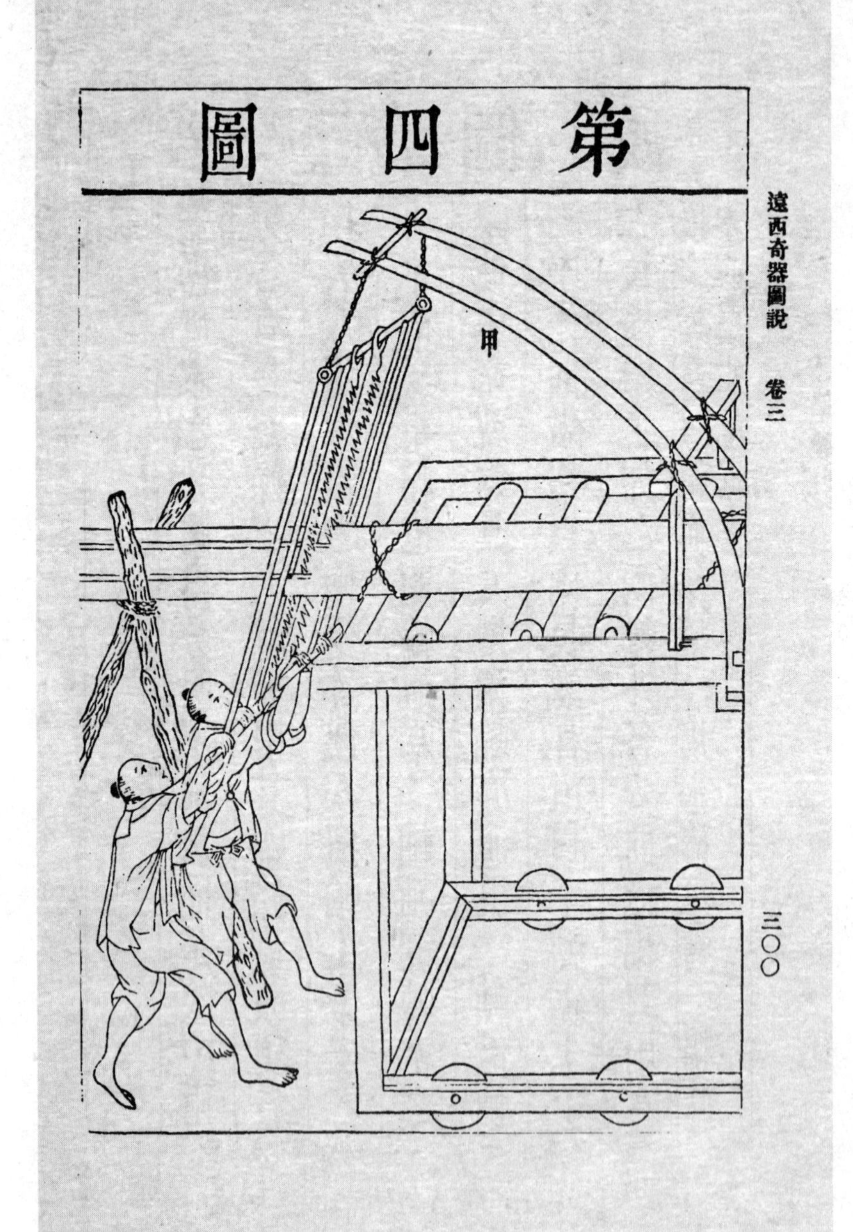
第四圖
甲
遠西奇器圖說　卷三
三〇〇

第四圖說

說

解法用人如常第架上後端立兩有力之竹弓

如甲則省人力多多矣覽圖自明無容多解

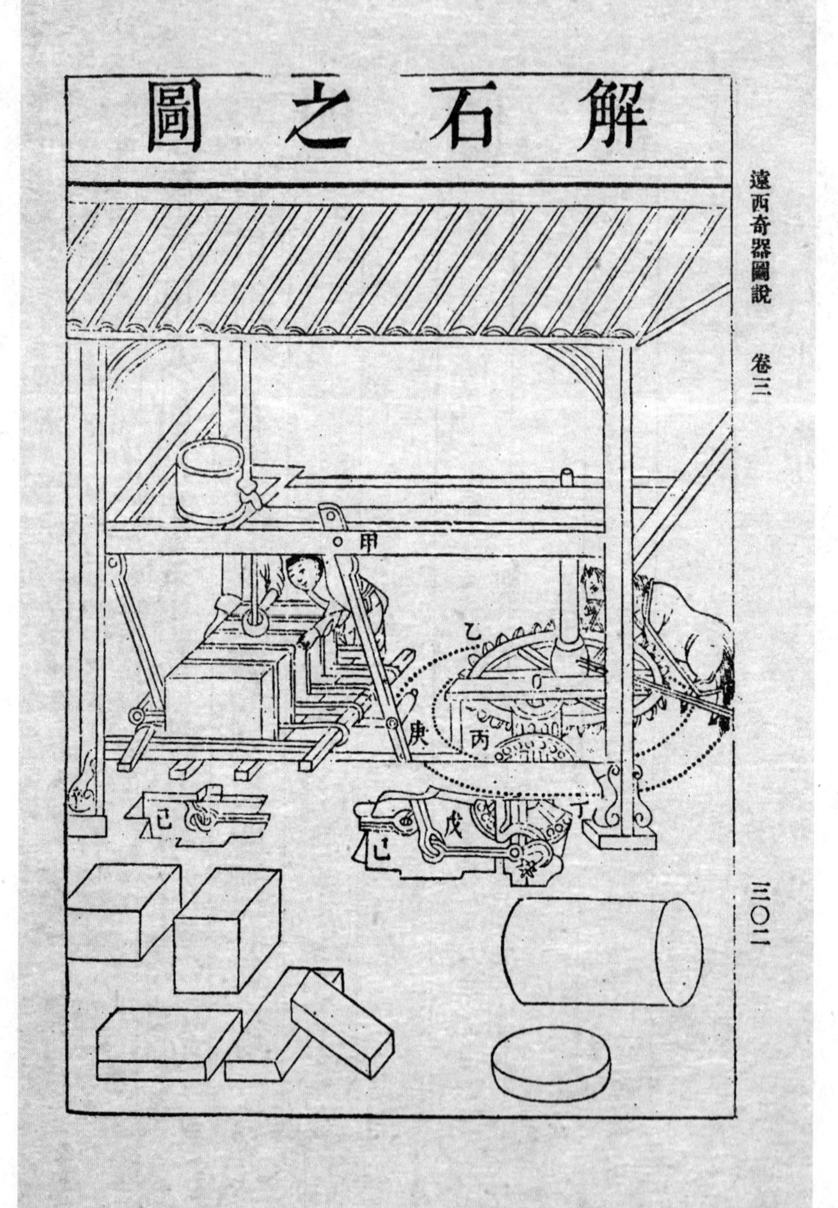
解石之圖
遠西奇器圖說　卷三
三〇二
甲
乙
丙
丁
戊
己
己
庚

解石圖説

解石

説

假如有石欲解成幾板則有架如甲于架近一頭處安立軸上安有齒平輪如乙平輪轉旁燈輪如丙燈輪又轉小立輪上如丁小立輪軸外有曲拐如戊曲拐之端貫直鐵杆兩端有環如己一端環貫曲拐之末一端之環則貫曳鋸之上端有軸可轉木杆立貫鋸于兩頭活滑車梢轆中如庚鋸或二或三俱精鐵爲之第無齒耳兩曳鋸長木杆下端連以鐵杆兩端有環如辛以一馬轉立軸平輪則曲拐往來鋸自行矣長木杆下端長木杆

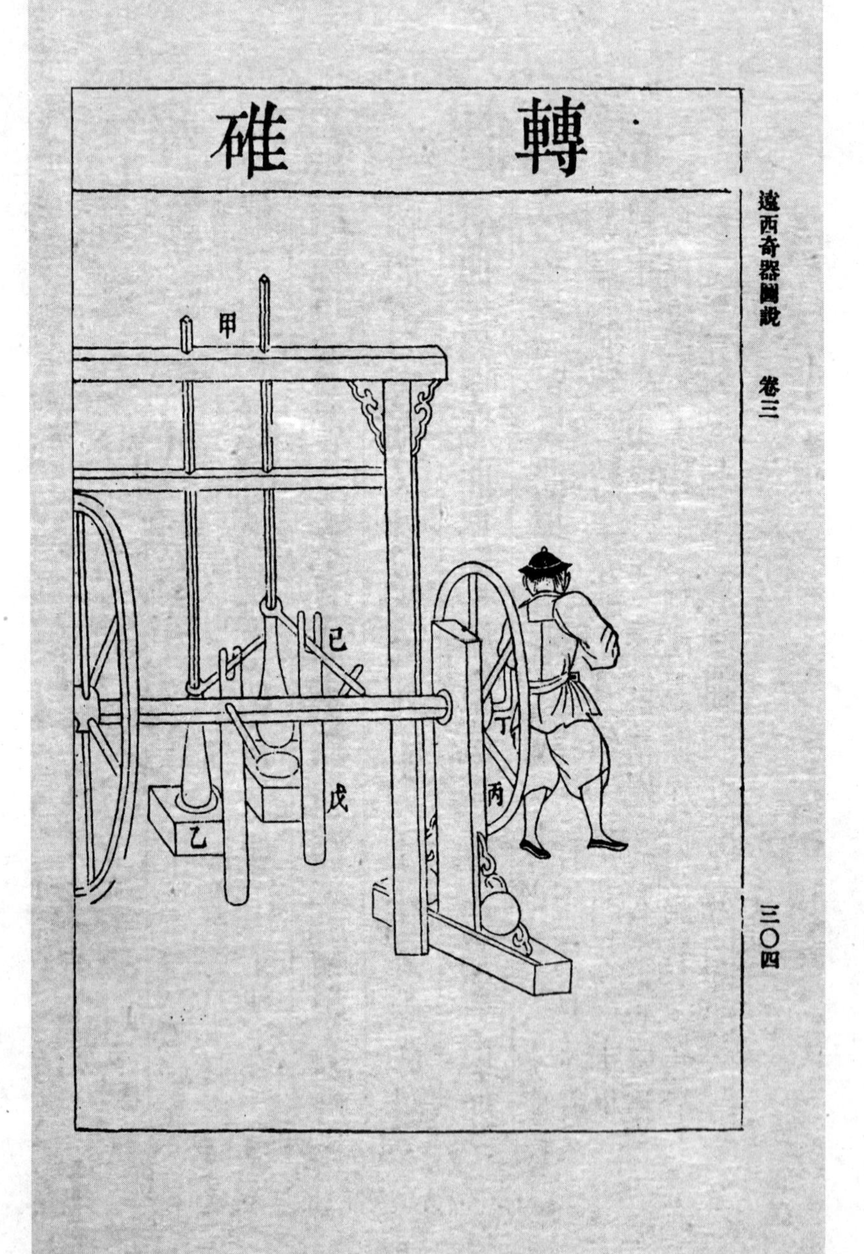

轉碓
甲
已
戊
乙
丁
丙
遠西奇器圖說　卷三
三〇四

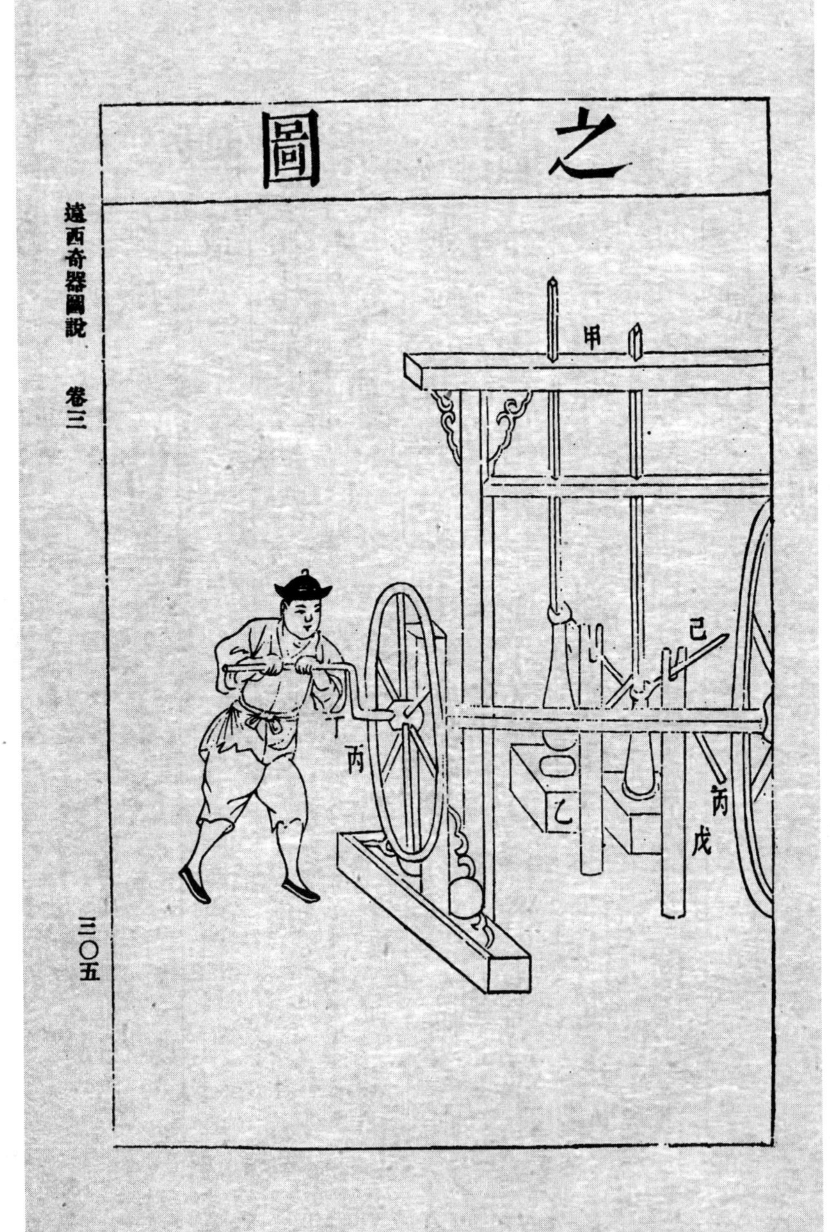
之圖
遠西奇器圖說　卷三
三〇五
甲
己
丁
丙
乙
丙
戊

轉碓圖說

轉碓

說

先爲架安碓或一或二或三或四如甲下各以臼承之如乙次爲飛輪中大外小共三輪如丙飛輪長軸兩旁各出架外安曲柄如丁軸之兩旁安小鐵椿相錯上下如戊其鐵椿相對每碓各有擒碓枝之桔槹小杆如已一碓兩碓一人從一旁轉輪則碓自然上下如碓多則兩旁兩人轉之自足也

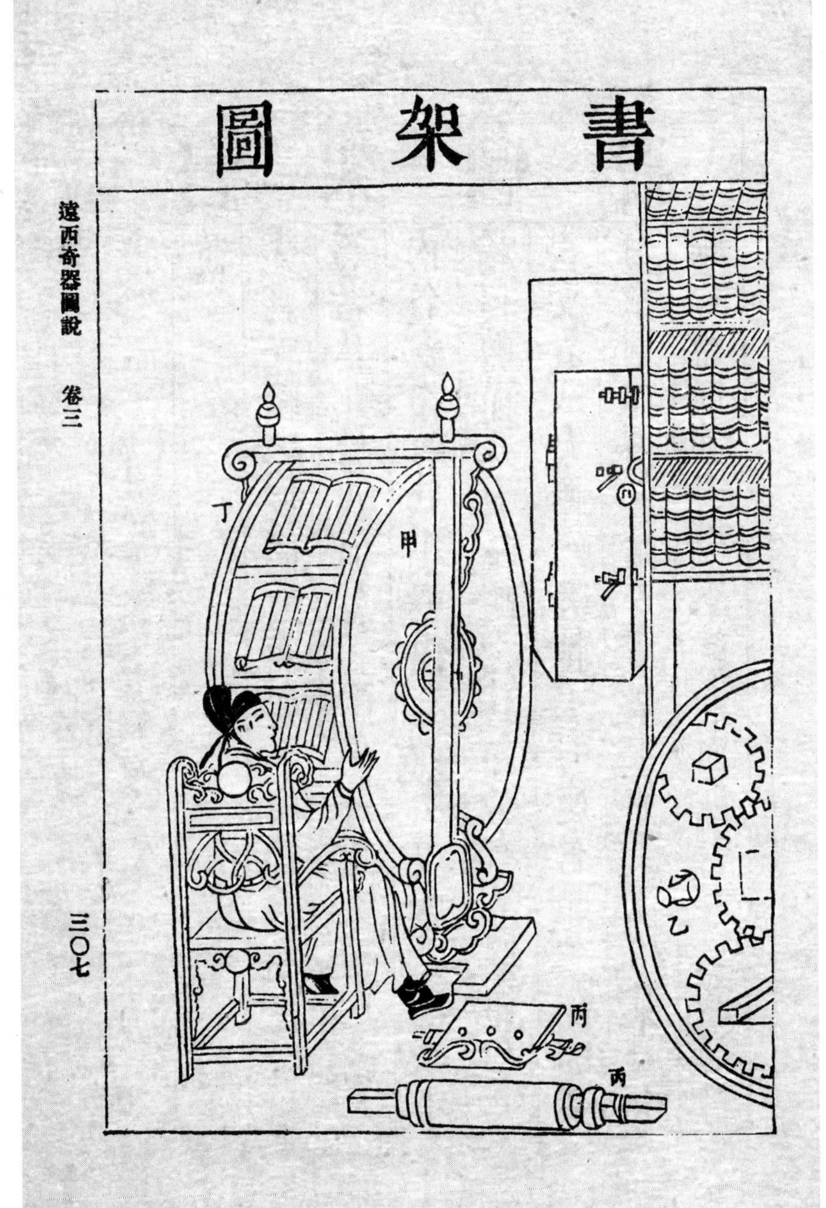
書架圖
遠西奇器圖說　卷三
三〇七
丁
甲
乙
丙
丙

書架圖說

書架

說

先爲大輪外形同鼓廂如甲內爲有齒之輪相等者共九輪八面各一中央一輪又于八輪之內各安相等八小輪俱有齒中央輪動則八小輪自轉而八大輪隨之其詳旁有散圖如乙其書安置八大輪一旁柵上有座有軸其詳亦旁有散圖如丙大輪安置架上如丁欲檢某書大輪一轉則某書自來就人而餘書雖已轉過仍

各上下自如不隨輪而顛倒也

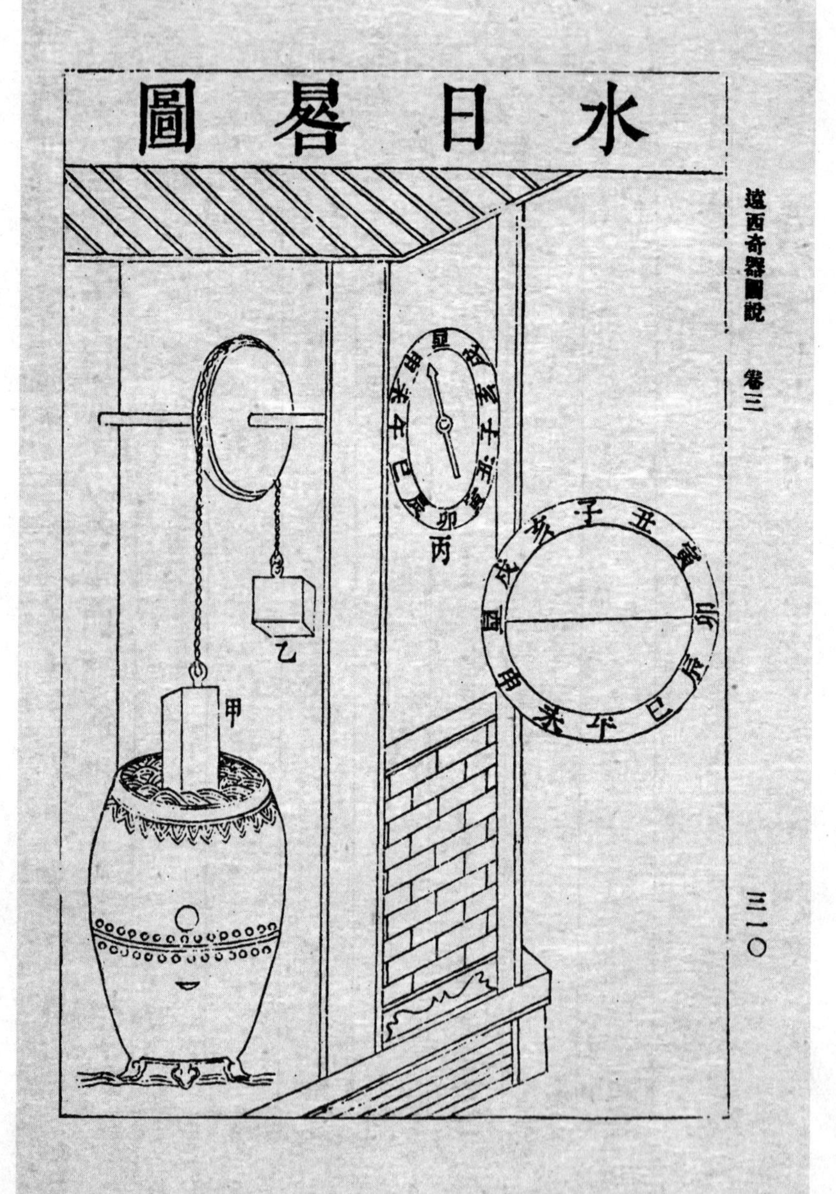
水日晷圖
甲
乙
丙
遠西奇器圖説　卷三
三一〇

水日晷說

日晷

說

先以小鐲承水於底鑽一小孔徐徐出水上安小榾轆長轉軸出牆外榾轆上纏以索下端繫重木如甲然亦不必太重上端繫小重如乙牆外軸端定安日晷如丙水徐徐下則重木亦必徐徐下而日晷以時轉矣此省便法也

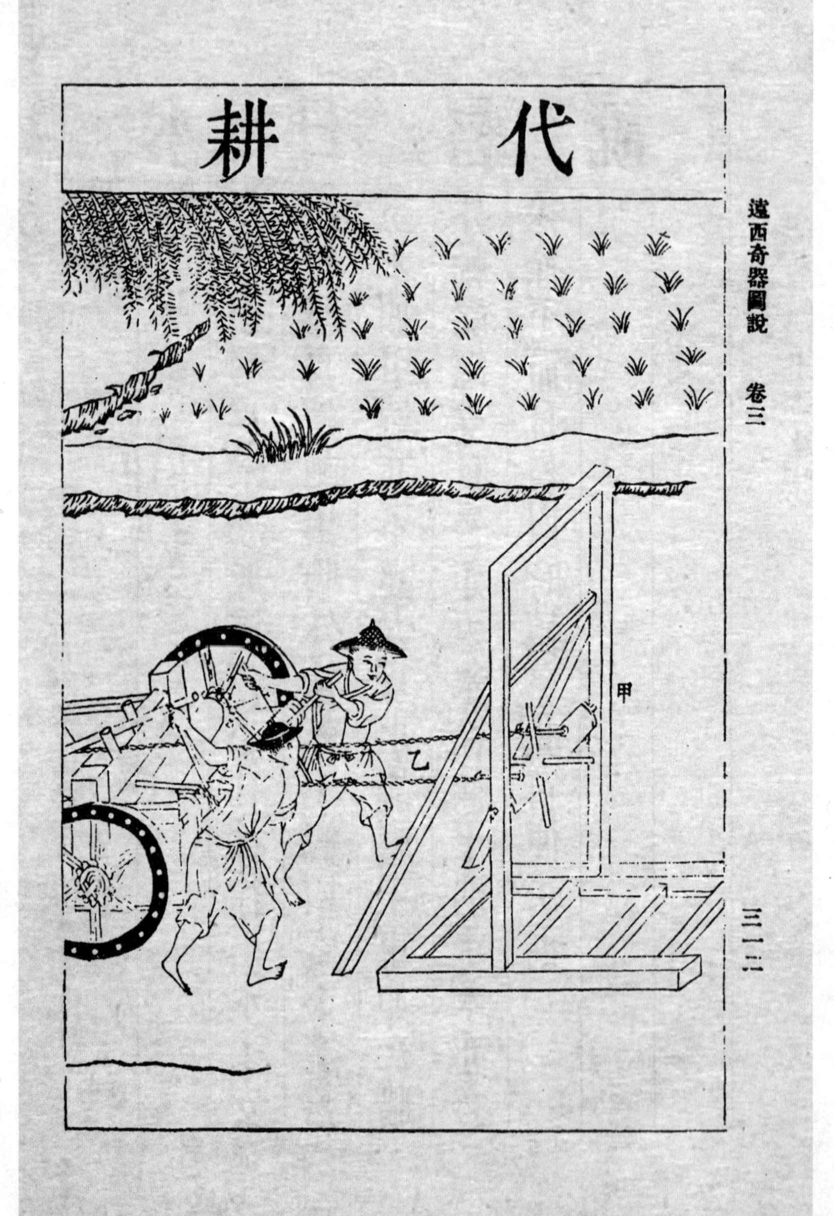
代耕
甲
乙
遠西奇器圖說　卷三
三一二

之圖
遠西奇器圖說　卷三
三一三
甲
乙

代耕圖說

代耕

說

先爲兩轆轤架如甲兩轆轤係兩長索貫犂其中如乙兩人遞轉轆轤之索一人扶犂往來自可耕也

嚮余在計部覲政時曾以臆想作此不期與此圖甚相合也可謂先得我心之同然矣

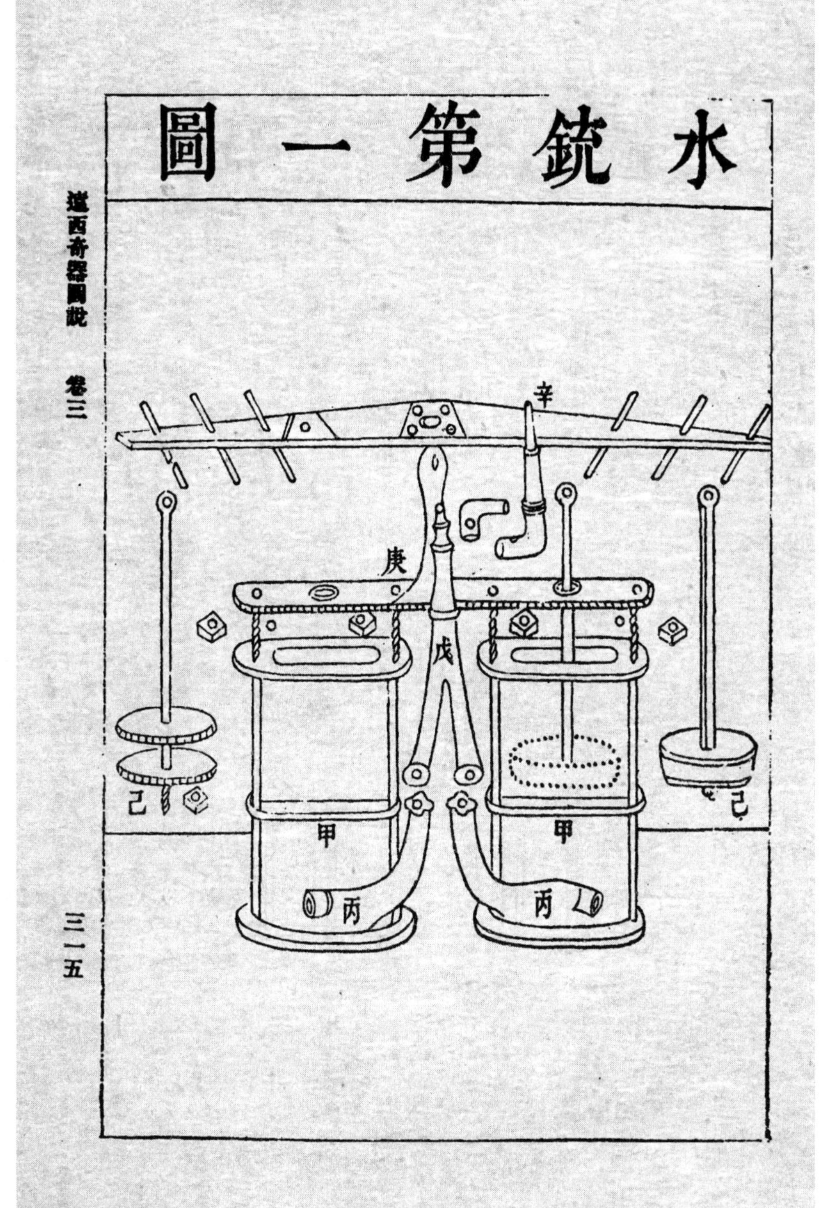
水銃第一圖
遠西奇器圖說　卷三
三一五
辛
庚
戊
己
己
甲
甲
丙
丙

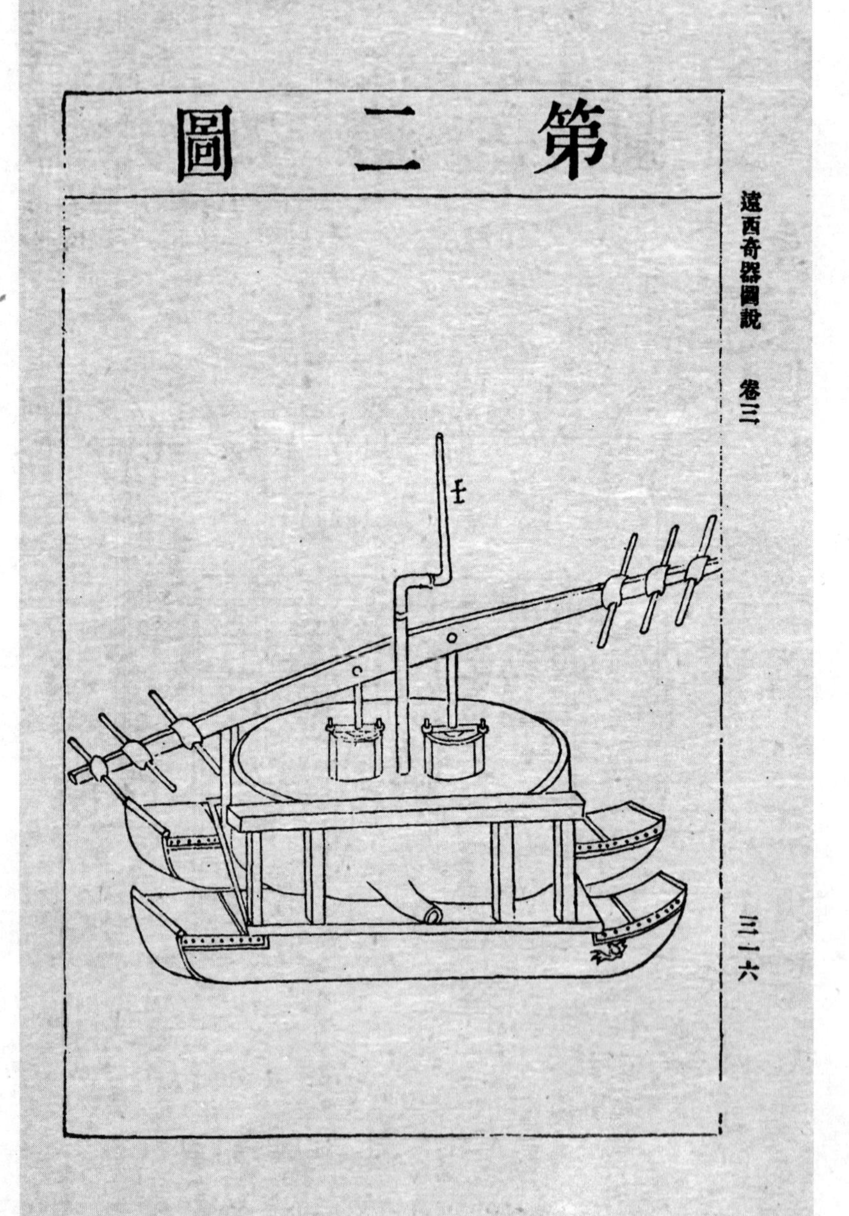
第二圖
壬
遠西奇器圖說　卷三
三一六

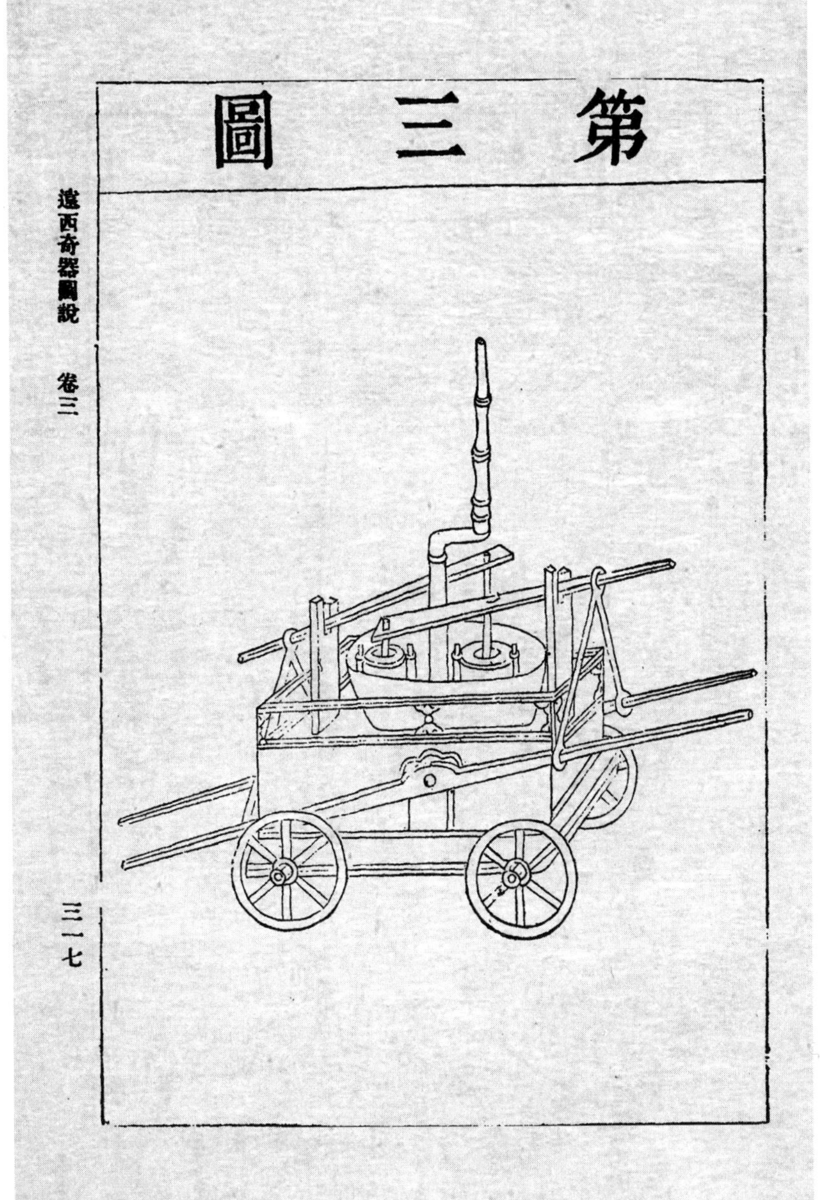
第三圖
遠西奇器圖說　卷三
三一七

第四
遠西奇器圖說　卷三
三一八

之圖
遠西奇器圖說　卷三
三一九

水銃圖說

水銃

圖凡三

說從散形圖爲之說者

先鑄兩銅筒如甲其容之廣從二寸或至十寸任人意爲之其高少或一尺多或一尺有半內容務上下相等其底要最堅厚其氣眼如乙有韛或在旁或在底或在底旁少許但在底更便旁安管少彎曲向上如丙各有小韛如丁上有兩又總管如戊緊壓合於兩彎管上無絲毫漏

隙爲則鞴共四個氣眼入水處兩個彎管出入
處兩個另有桄二具如己其柄以鐵爲之其桄
則銅桄用兩層銅桄周圍以滿銅筒之容爲度
銅桄兩層中間用𩌏皮數層擠實爲則兩銅筒
俱安一銅鍋內要極穩勿動爲則鍋底要平如
無銅鍋竪大木桶亦可於兩銅筒之上安横梁
如庚兩旁中央安兩鐵孔是兩桄所由上下者
居中有鐵天平立柱其柱頂頭有小轉軸眼上
横安天平長木擔於兩桄上下處用環連於擔

上兩端多設平木椿以便多人攀舉又有直角小管如辛貫於總管出水上口之外要最嚴密又要可周旋轉動使之四面八方去也就中有小圓槽施以短釘務令可轉而不可上其必用槽用釘者水力最大不則衝之去矣此管上又有直角管但其嘴少長於辛爲壬其長少亦三尺愈長其出愈遠但嘴必少弱於管身爲出水之勢耳直角長管與短管相貫處亦必用槽用釘如前法此管則一人用手可轉或上或下或

正或斜皆可向有火處施放之也此器有二種
或定在一處如第一圖或用船車無輪者如第
二圖其法皆同又有一種其器同但在有輪車
上不用橫梁止用槓子天平如第三圖任人意
消詳作之耳其運水之法排定多人人人可接
遞皮袋之水至於盛銅鍋內周轉無窮必用皮
袋運水者視他器便且不破壞耳
此水銃可以滅火可以禦火可以防火乃新
有之器其能力最便最大最奇諸器所難比

其功用者也葢倉卒之際火力正勝人不可近但有此器則五六人可代數百人之用又不空費一滴之水不拘多高多遠皆可立到有似大雨噴空無處不霑不但可滅已燄之火仍可預阻未燃之火況有圖有說作此不難工力價直且不甚費凡城邑村坊悉當置此二三具其於捍患禦災最有裨也已作小樣試之良驗有志於仁民者其尚廣爲傳造焉

奇器圖說跋

子墨子曰利於人謂之巧不利於人謂之拙古聖王制器尙象以前民用後世不賢識小師其意而爲之苟裨於民生日用非奇技淫巧比也然班輸雲梯區紙木奴舂穀馬鈎翻輪激水諸葛武侯木牛流馬其制或傳或不傳卽傳亦尟有通其意者技能雖末事不專心致志則不得也西學三科力藝居一法能以小運大以輕運重卑能昇高近能致遠具鄧氏奇器圖說一書

原本四解各爲卷今只三卷疑先分後合末卷詳言利用而前二卷深明所以然之故其較算重心比量形質要不離乎度數然則算學者重學之根也世有如了一道人者旁通曲盡推求古器以窺前人制作之意知者創物巧者述之其利於人豈簡冊所能圍耶癸巳仲春金山錢熙祚識

新製諸器圖説

新製諸器圖説

〔明〕王徵　著

民國二十五年商務印書館影印《守山閣叢書》本

新製諸器圖説
王徵著

新製諸器圖說

本館據守山閣叢書本影印初編各叢書僅有此本

新製諸器圖小序

饔史抱樸驚掊渾帝化人奇肱巧絕弗傳懼滋
竭來人心之幻耳然人心之幻滋甚彌難方物
初不盡識破斵之咎而民生日用之常漸有輕
捷省便之法飜多滯泥罔通似於千古尙象制
器之旨不無少拘覬彼大圜輪輪遞轉匪一輯
以自斡疇萬象之更新而顧爲是拘拘者邪不
揣固陋妄有所作見之者頗謂裨益民生日用
有已造而行之者有未造而儀其必可行者繪

新製諸器圖說

明王　徵著

金山錢熙祚錫之校

引水之器二圖說引

田高水下苦難逆灌爰制引器用利高田厥器凡二一名虹吸一名鶴飲虹吸引之旣通不假人力而晝夜自常運矣鶴飲雖用人運然視他水器則猶力省而功倍焉刻其制簡易尤便作者故並圖說之如左

集爲圖爲說間爲之銘自解其嘲而識之若此
其他自動風䫻與活輥木活地平及用小力運
鉅重之器尚有多種爲其關民生之未甚急也
兹不具載時天啟六年孟春八日了一道人王
徵題

原書缺頁

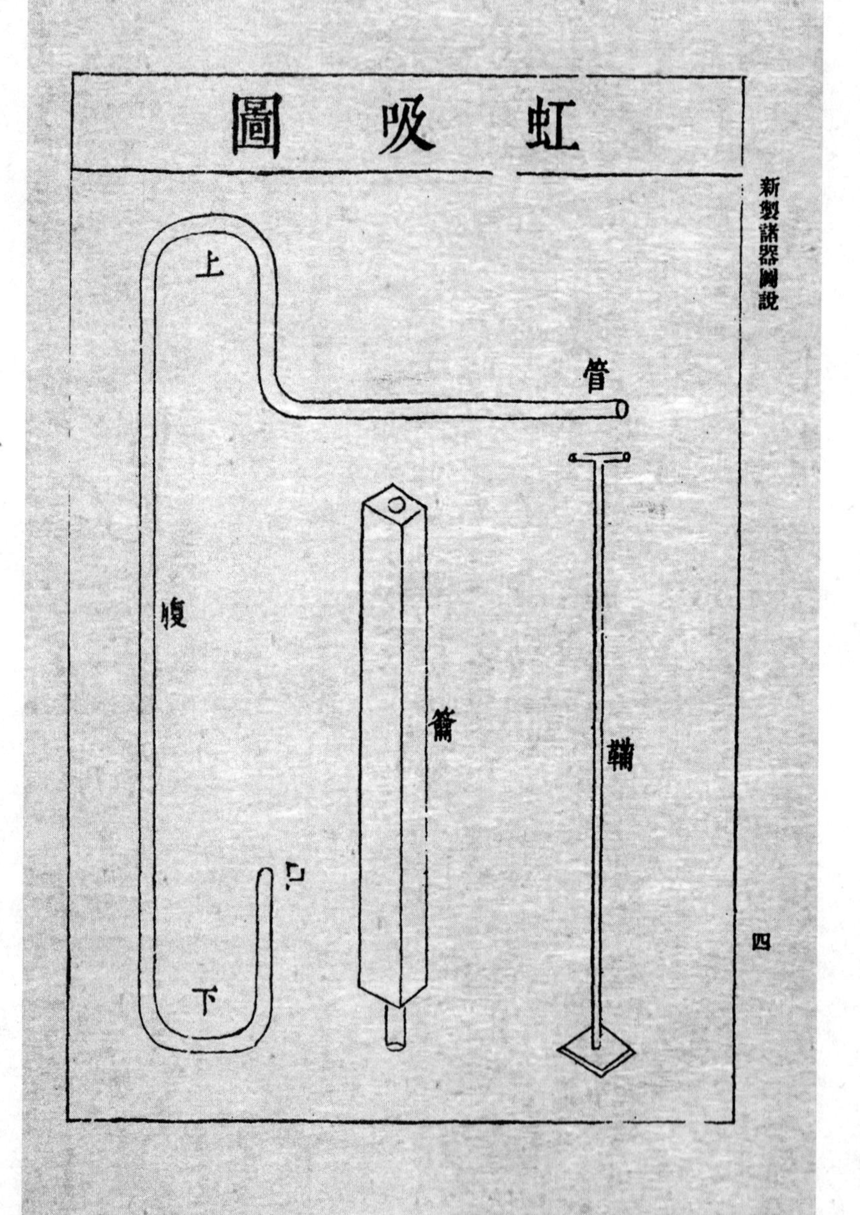
虹吸圖
新製諸器圖說
四
上
管
腹
口
下
筩
鞴

虹吸圖說

刳木爲筒筒之容或方或圜圜徑寸方徑不及寸者分之二毋薛毋暴毋齘筒之長無定度茲井及泉以爲度筒之下端橫曲尺有二寸而爲之口口迤而上高數寸口之容弱於腹之容惟防口之內有舌開闔戚速而無倚於圜筒之上端出井及尋橫曲二尺有奇迺垂垂四尺奇迤而下長及常而爲之管管視筒之腹惟窓筒之曲若審惟樸屬爲良筒之圜內以寸緄縢之斂

以油灰之齊腥塗其郤毋俾針芒之或耗筒兩端有檠相以施約無㼕無杌而止管入以籥惟嚴假鞴鼓之度水衝於管遄捎其籥則霤吐如趵突也以終古

薜破裂也暴墳起不堅緻也齘切齒怒亦偪窄之意竑量也防謂三分之一八尺曰尋倍尋曰常�小孔也審兩木交湊處樸屬附著堅固也緄繩也滕約束也斂塞也齊與劑同腥厚也㼕壞杌動也遄速也捎除去也泉水

之上出者。曰跤突。

銘

爾躬匡梃爾腹淵然一氣孔宣厥瀵斯泉載沃

載漣惠我當田祝爾萬年

字音

薜卜革反暴音剝齺音薤防音勒窻音遠

斂音聶腥音屋瓶音各捎音蕭梃音延當

音匀

鶴飲圖
新製諸器圖說
尾
首
八

鶴飲圖說

爲長槽或以巨竹或以木其長無度竑水淺深以爲度尾殺於首三之一首施戽惟樸屬爲良戽之容則以轂戽醫施木刀如棹末之制俾與水無忤中其槽設兩耳函軸迺於岸側菑兩楹高地僅尺俾毋杌楹之巔對設以軹貫軸其中惟活昂其尾入之戽也水滿則首一昂而流之奔於槽外也其孰禦視桔桔虛功挈無虛而捷也可省夫力十之五

戽水戽所以盛水者也䜾受一斗二升醫謂下面覆處莤樹立也楹柱也軥不穿也

銘

洌彼下泉澤茂及畝爾奮爾力遑恤濡首載沉載浮爰噏爰嘔吁嗟爾云勞矣匪爾之勞誰其長此禾黍

字音

醫徒門反莤音忝

轉磑之器三圖引

磑必須物也每嘆人若畜用力甚艱爰制三器代以節之一名輪激一名風動一名自轉輪激雖用一人撥轉然坐運可無太勞且疾視常磑以倍若風動自轉二器則憑機自動其不用人也全矣故並圖説之如左

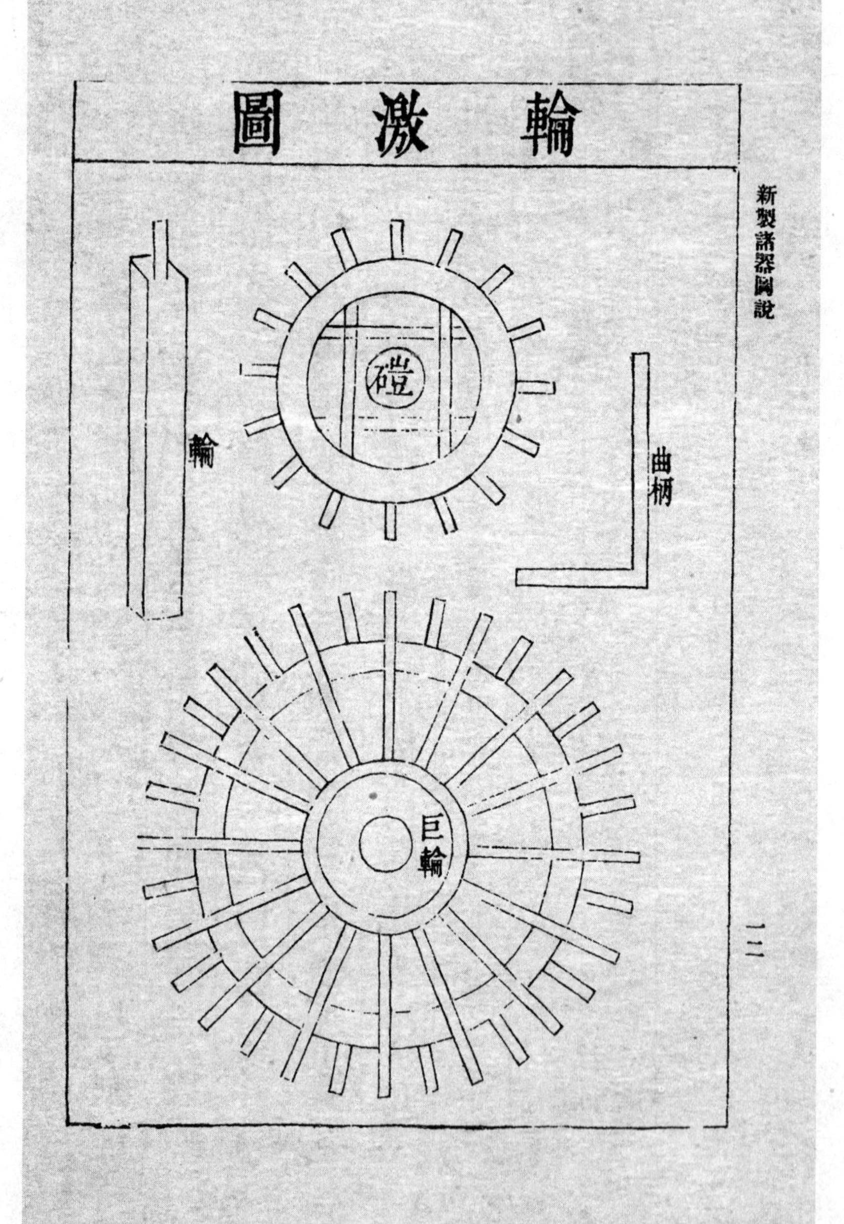
輪激圖
新製諸器圖説
磑
輪
曲柄
巨輪
三

輪激圖說

爲巨輪一徑六尺有奇準田車樸屬微至如其
制轉亦準獨牙之外施齒或金或木惟堅齒殺
其末長五寸間同之轂外端施曲柄一六分其
巨輪之崇捎三以爲小輪之徑厥牙少弱於巨
輪齒與間則視巨輪莫二無轂無輻爲井木施
磴周函之無杌無爪磴盤之側坎其地爲揹穴
立縣巨輪其中以半期利轉無閡而止巨輪齒
與磴周輪齒之相親也必一一無爽爲弔一人

坐運約省夫力十之九

微至至地者微也輪圓乃能若是轉軸也牙讀作迓謂輪轃也或又謂之罔殺其末謂哀小之也間兩齒相離之中也揹三除去六分中之三分也仄仄側意坎陷也揹長圓孔也

弔精至之名

銘

操獨柄者人耶遞相親者輪耶居重馭輕覯磨而化者其無垠耶

字音

轄音衛

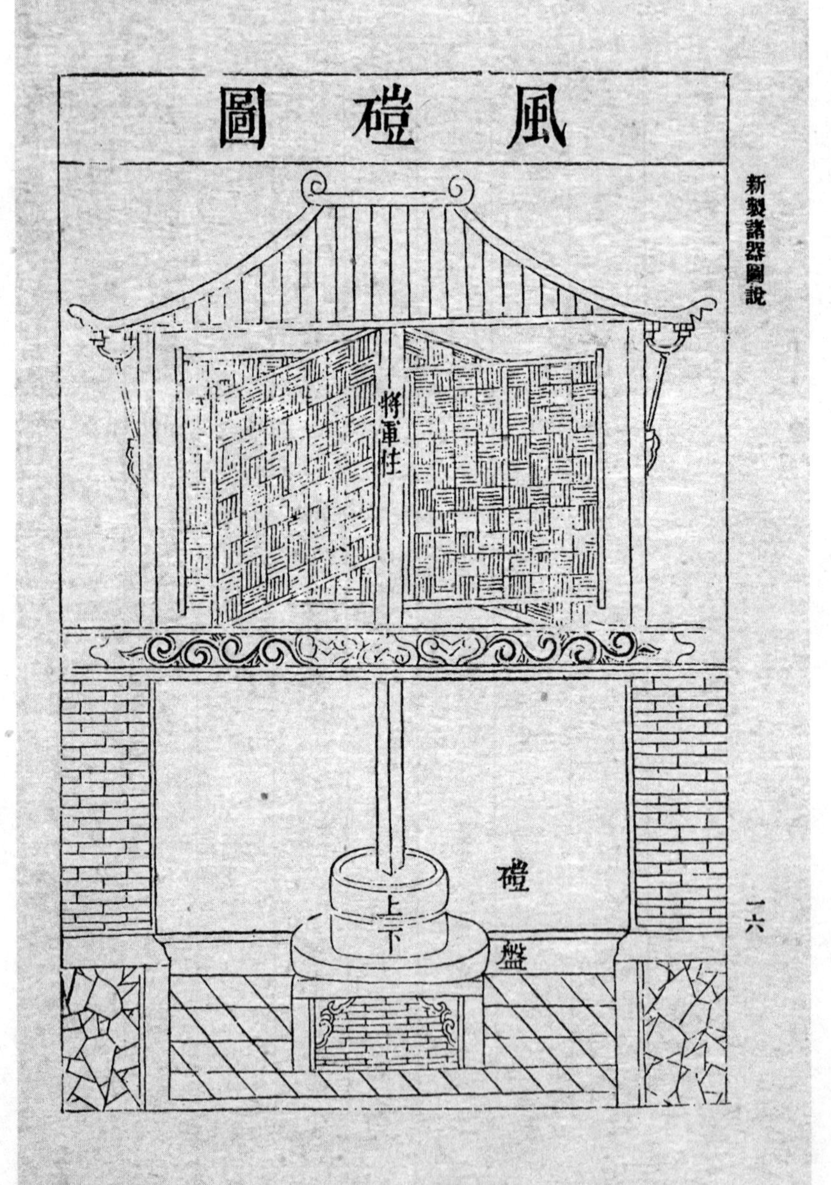
風磑圖
将軍柱
上
下
磑
盤
新製諸器圖說
一六

風磑圖說

爲層樓一座上七下八方徑各長丈有三尺樓上層不圍下層三面圍牆一面門樓下安磑以臺臺高三尺磑上扇中鑿方孔深三寸用安將軍柱下端將軍柱長丈有二尺上端安鐵鑚俗所謂六角六面是也其尖入上橫梁橫梁當四方之最中處安鐵窠窠卽爲柱尖入處柱下端爲方枘相磑上扇中所鑿方孔爲之將軍柱從樓板中央貫上直至橫梁橫梁下尺許以下樓

板上尺許以上始安風扇風扇凡四每扇横長六尺上下五尺堅木爲框中加十字木棖一面用簾障之邊皆以索連之框上先於將軍柱樓板上尺許以上横梁下尺許以下安夾風扇木輪二各厚尺許周圍除安將軍柱外寬仍尺許各十字鑿五寸深槽槽視風扇框厚薄爲之風扇入槽以裏仍兩端爲孔安上即用索緊束柱上勿令活動爲則風扇可卸可安樓之製照尋常磑亦尋常用者無他謬巧止借風力省人畜

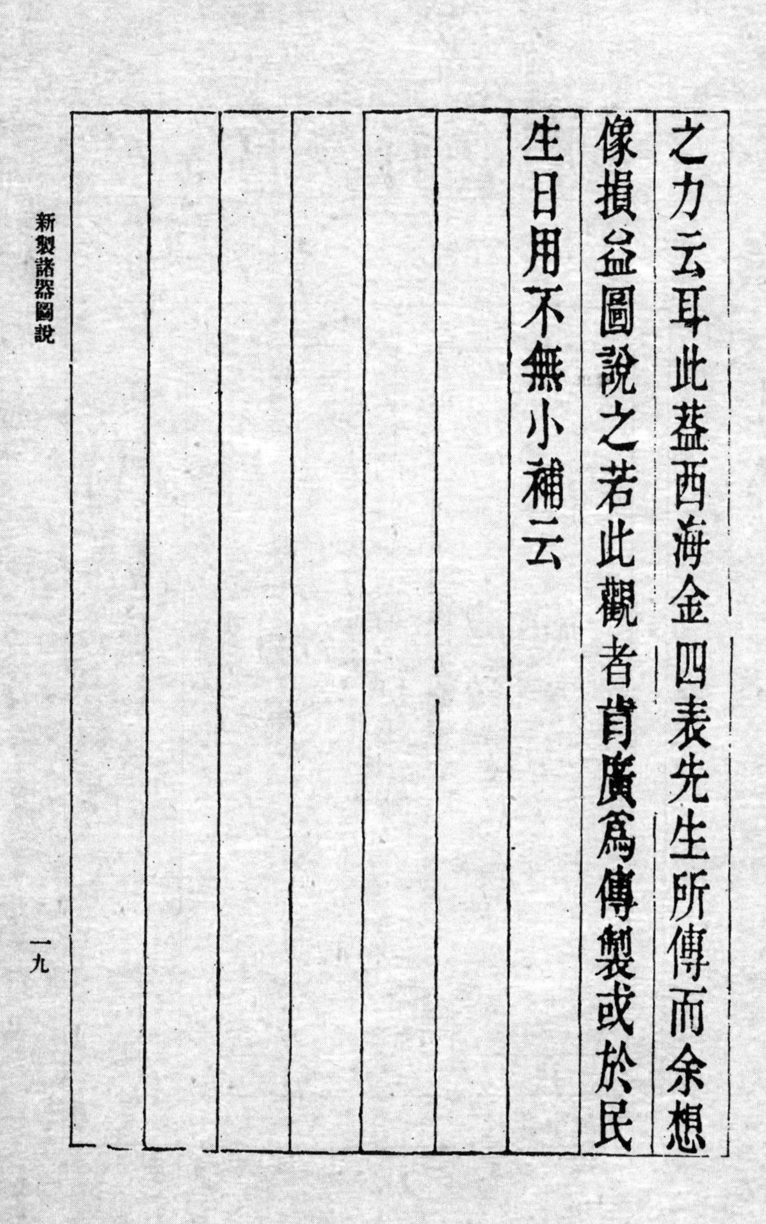

之力云耳此葢西海金四表先生所傳而余想
像損益圖說之若此覯者肯廣爲傳製或於民
生日用不無小補云

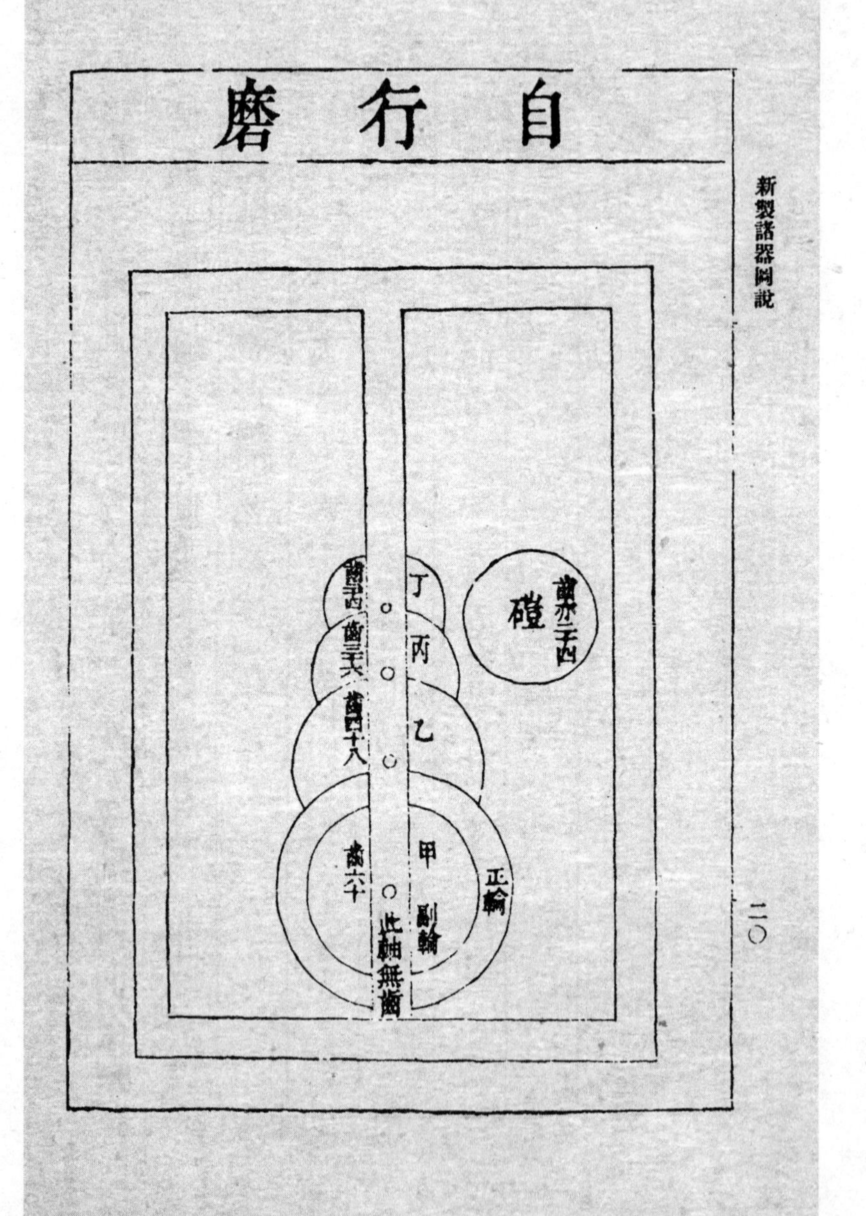
自行磨
新製諸器圖說
丁
丙
乙
甲
碓
齒三十六
齒四十八
齒六十
正輪
副輪
此軸無齒
二〇

準自鳴鍾推作自行磨圖說

先以堅木爲夾輪柱二根厚四寸寬六寸高視輪爲度輪凡四名之甲乙丙丁甲輪之齒凡六十乙齒四十八丙齒三十六丁之齒則二十四與磴周輪齒相對乙丙丁之軸皆有齒數皆六甲輪軸則獨無齒然有副輪徑弱於正輪者尺有五副輪者貫索而垂重所以轉諸輪因而轉其磨者也而轉副輪則又另有一機其垂而下也與正輪同體而下其上也則副輪轉而正輪

分毫無掛且其轉上之法甚活婦人女子可轉
也此爲全體輪架安定旁安其磨磨上扇周施
齒如丁輪但與丁輪齒相間無忤則磨行矣凡
甲輪轉一周可磨麥一石若索可垂深數轉則
又不止一石而已第作此覺難非富厚家不能
如止用兩輪則輕便殊甚是在智者自消詳焉

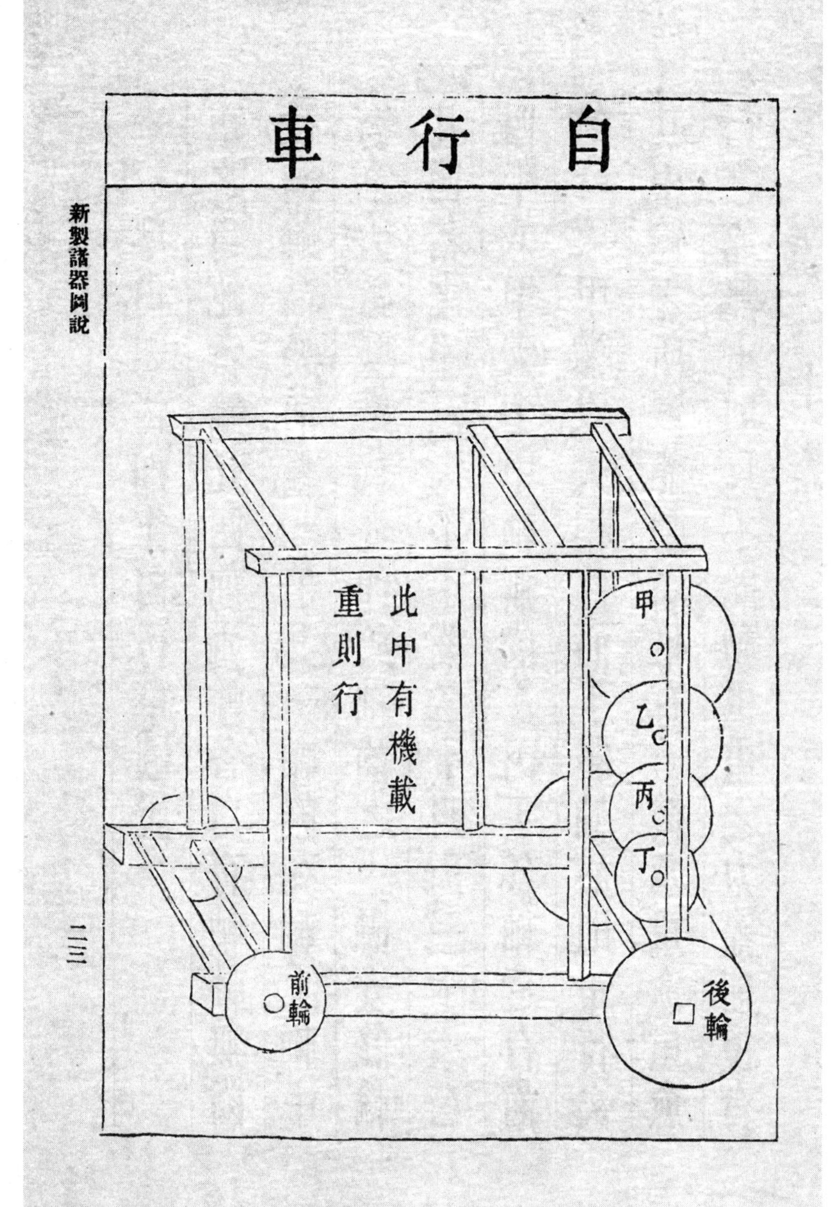
自行車
新製諸器圖説
二三
此中有機載
重則行
甲
乙
丙
丁
前輪
後輪

準自鳴鐘推作自行車圖説

車之行地者輪凡四前兩輪各自有軸軸無齒後兩輪高於前輪一倍共一軸輪死軸上軸中有齒六皆堅鐵爲之卽於軸齒之上懸安催輪凡四名之甲乙丙丁丁齒二十四丙三十六乙四十八甲六十甲軸無齒乙丙丁各軸皆有齒齒皆六甲輪以次相催而丁催軸齒則車行矣其甲輪之所以能動者惟有一機承重愈重愈行之速無重則反不能動也重之力盡則復有

一機斡之而上儻遇不平難進之地另有半輪催杆催之若所稱流馬也者其機難以盡筆總之無木牛之名而有木牛之實用或以乘人或以運重人與重正其催行之機云耳曾製小樣能自行三丈若作大者可行三里如依其法重力垂盡復斡而上則其行當無量也此車必尸授輪人始可作故亦不能詳爲之說而特記其大畧若此云

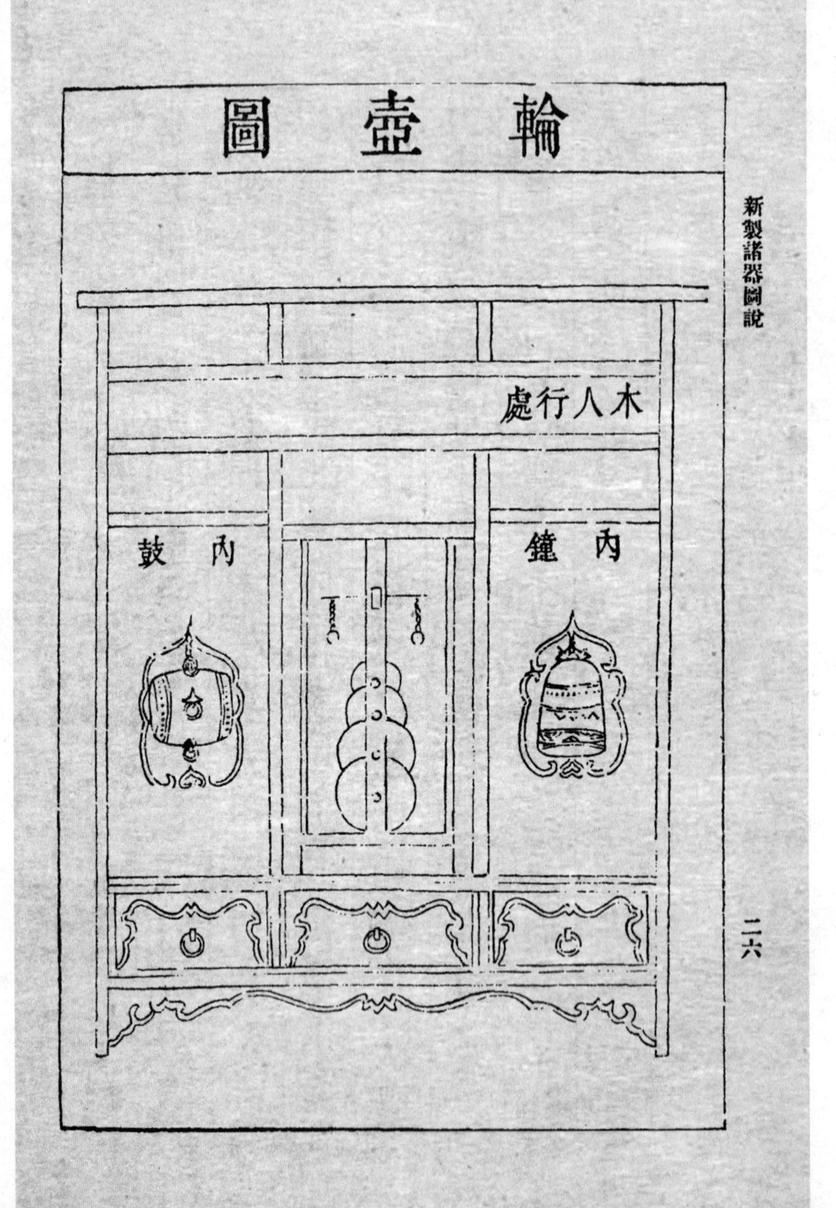
輪壺圖
新製諸器圖說
木人行處
內鐘
內鼓
二六

輪壺圖說

以文木爲櫝櫝之製上下兩層上層高四寸下層高二尺三寸上層爲活蓋中藏更漏兩槽及各筒用盛鉛彈俱有機其蓋前面掩上二寸內藏十二時辰小牌下二寸明露容小木人於中可自前行應時撥動其牌垂時以示人也木人之行則機係於下層櫝中總輪之架總輪之架安櫝下層中央空處外有門二扇可開可闔櫝寬長二尺六寸側則各一尺二寸其中央安輪

架空處寬可一尺兩傍各八寸一安鐘一安鼓門各從側面開閉下層兩端留二寸作足以三寸作抽櫃三個即依中間一尺兩傍各八寸爲之其輪架之製先爲兩鐵柱以次遞安其輪輪皆以精鐵爲之首鋸齒小輪爲丁次丙輪次乙輪次甲輪甲之齒六十乙齒四十八丙齒三十六乃乙丙丁三輪之軸之齒則均用六數不多也甲軸獨無齒然有索直上貫於木人之足而以鉛重垂而下墜所爲轉木人之總樞也甲動

催乙乙催丙丙催丁而丁之所催者則另有十字分左分右之撥齒蓋諸輪遞催轉行甚速而撥齒於中一似左推右阻故使之遲遲其行者此微機也輪壺之妙全在於此此難悉以筆楮亦未可盡圖繪至兩傍鼓鐘安置之法與夫更漏遞自傳報之法皆有機爲連絡亦俱未便圖說總之此壺作用全在於輪輪則轉動木人木人因而自行擊鼓報時又能帶動諸機時至則擂鼓撞鐘又能按更按點一一自報分明不似

昔人所爲懸羊餓馬不甚清楚也此於明時惜陰二義或者不無少補比之璇璣刻漏銅壺之製似亦易作嚮曾製一具在都中見者多人當亦諒其匪妄也

銘

泰圓轂轉坱軋無垠兩輪遞運萬象更新晚彼晝夜終古相因流光難追往哲競辰嗟予小子歲月空淪爰製斯器寸陰是珍義取叶壺名被以輪韞櫝而藏靜遠囂塵應時傳響發若有神

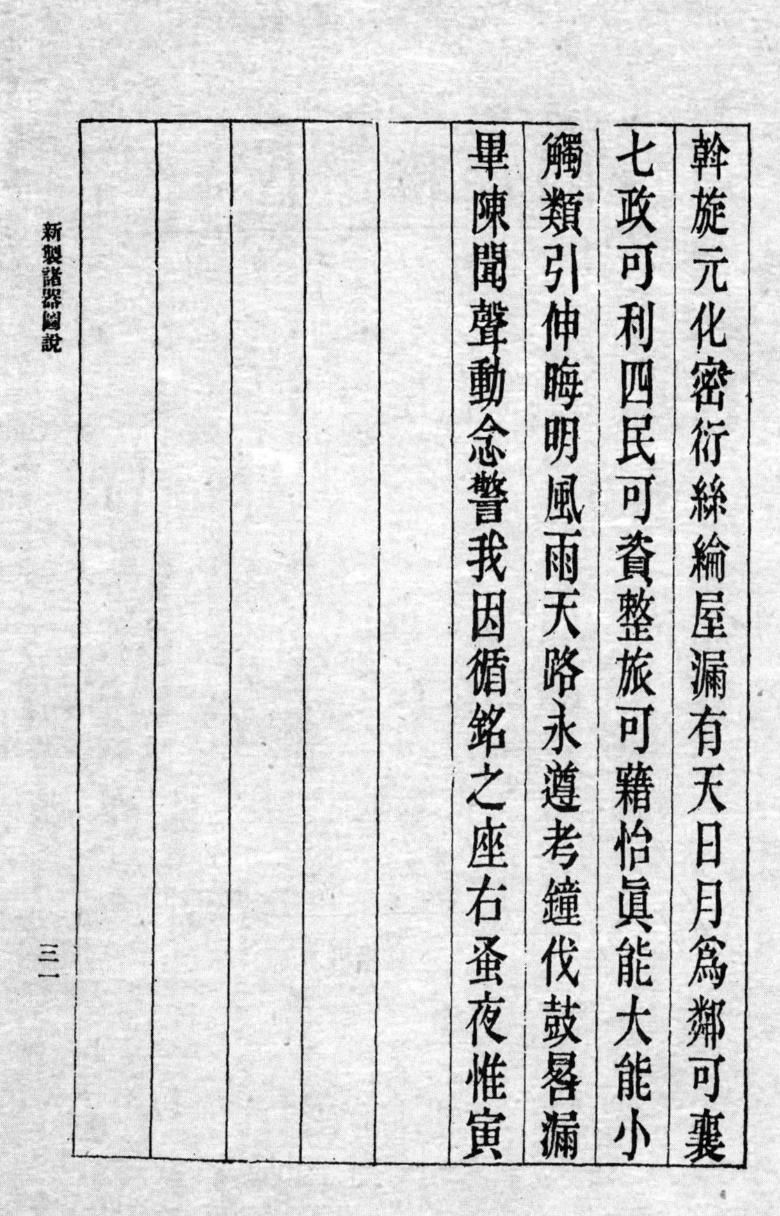
斡旋元化密衍絲綸屋漏有天日月爲鄰可褻
七政可利四民可資整旅可藉怡眞能大能小
觸類引伸晦明風雨天路永遵考鐘伐鼓昬漏
畢陳聞聲動念警我因循銘之座右蚤夜惟寅

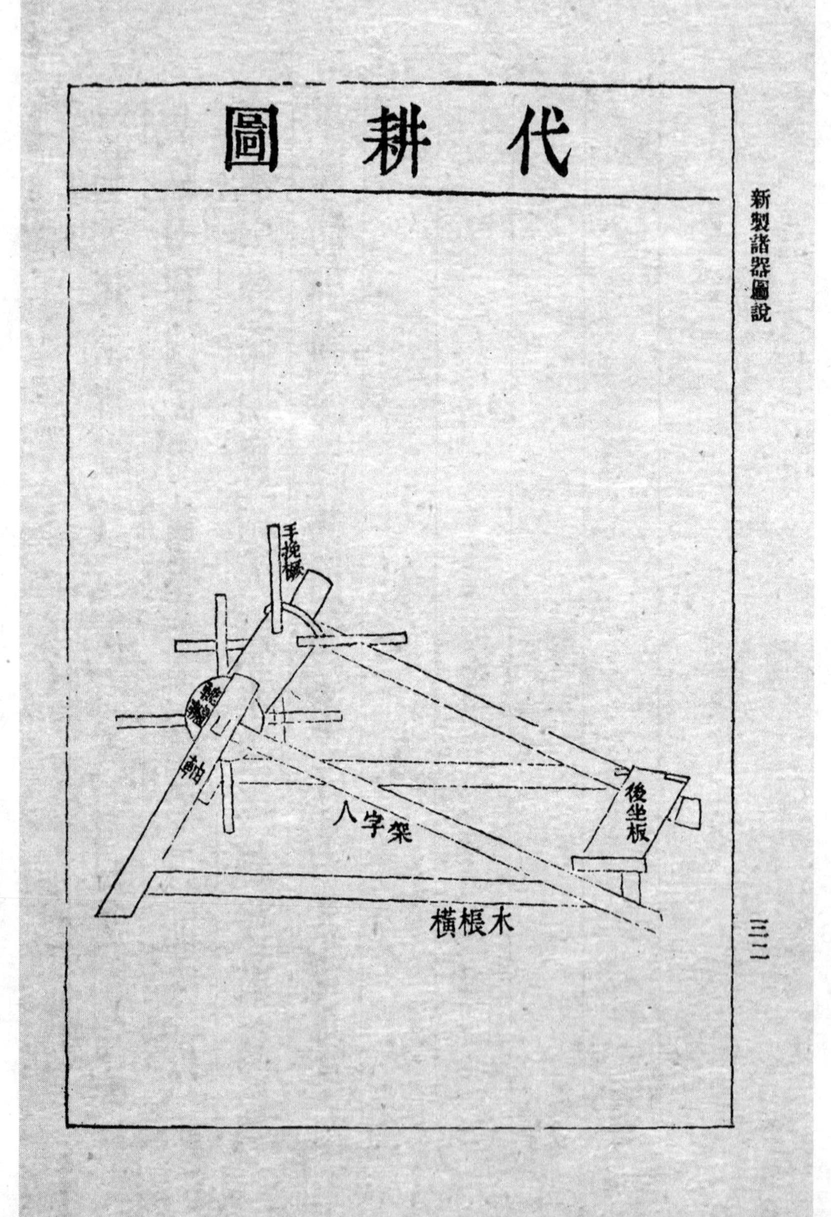
代耕圖
新製諸器圖說
三二
手挽橛
軸
後坐板
八学架
横棍木

代耕圖說

以堅木作轆轤二具各徑六寸長尺有六寸空其中兩端設軛貫於軸以利轉爲度軸兩端爲方柄入架木內期無搖動架木前寬後窄前高後低每邊兩枝則前短而後長長則三尺有奇短止二尺三寸兩枝相合如人字樣卽於人字交合處作方孔安其軸兩人字相合安軸兩端又於兩人字兩足各横安一棖木則架成矣架之後長盡處安横桄桄置兩立柱長八寸上平

鋪以寬板便人坐而好用力耳先於轆轤兩端盡處十字安木橛各長一尺有奇其十字兩頭反以不對爲妙轆轤中纏以索索長六丈度六丈之中安一小鐵環鐵環者所以安犂之曳鈎者也兩轆轤兩人對設於三丈之地其索之兩端各係一轆轤中而犂安鐵環之內一人坐一架手挽其橛則犂自行矣遞相挽亦遞相歇雖連扶犂者三人乎而用力者則止一人且一人一手之力足敵兩牛况坐而用力往來自如似

於田作不無小補此余在計部觀政時承松毓
李老師之命而作業已試之有效也者故圖之
因並記之若此

新製連弩圖說引

聞昔武侯有連弩法親授姜維想當日木門道萬弩齊發射死魏大將張郃者或即其製迺其製失傳久矣近世有從地中掘得銅弩者制作精細無比今之工匠不能造然特弩之機耳而人輒以爲全弩也故卒莫解其用徵愚偶得見之嘆服古人想頭神妙如許再四把玩因了悉其運用機括僭爲增損一二且易銅爲鐵不但簡質易作更覺力勁而費省似於今之行陣甚

便也敬圖說之如左

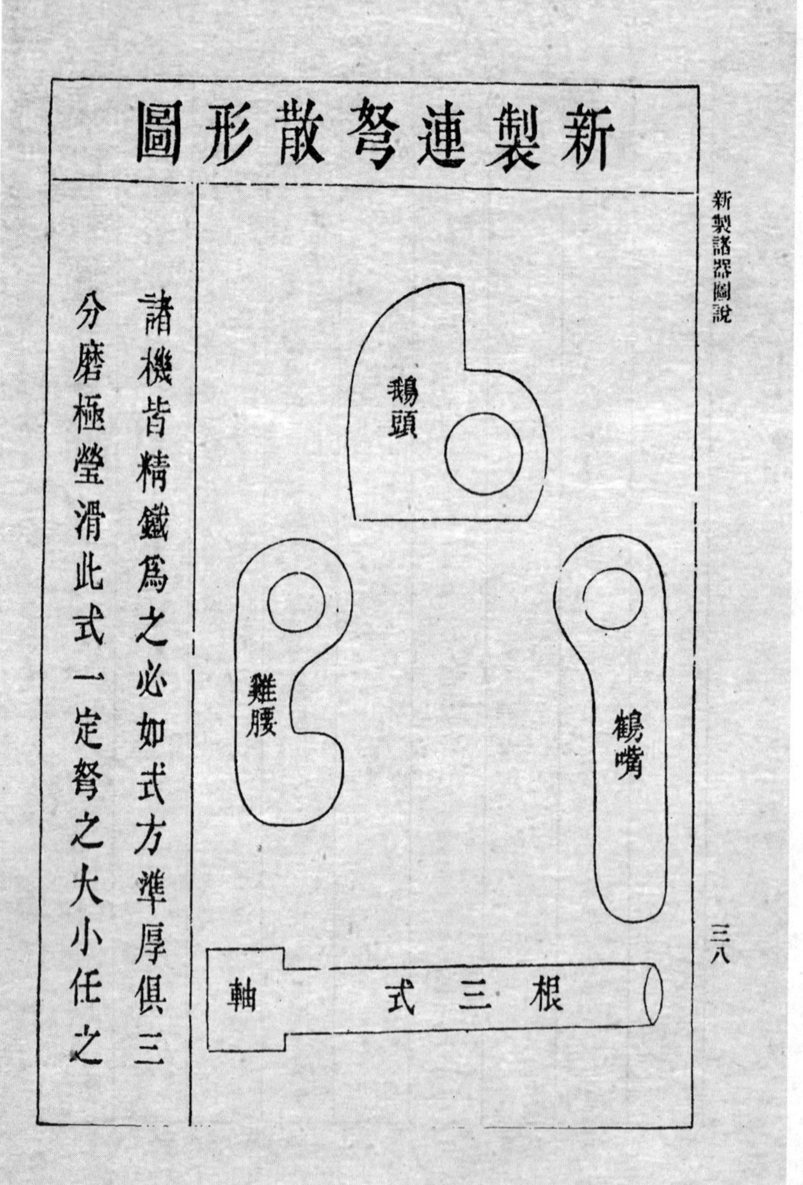

諸機皆精鐵爲之必如式方準厚俱三分磨極瑩滑此式一定弩之大小任之

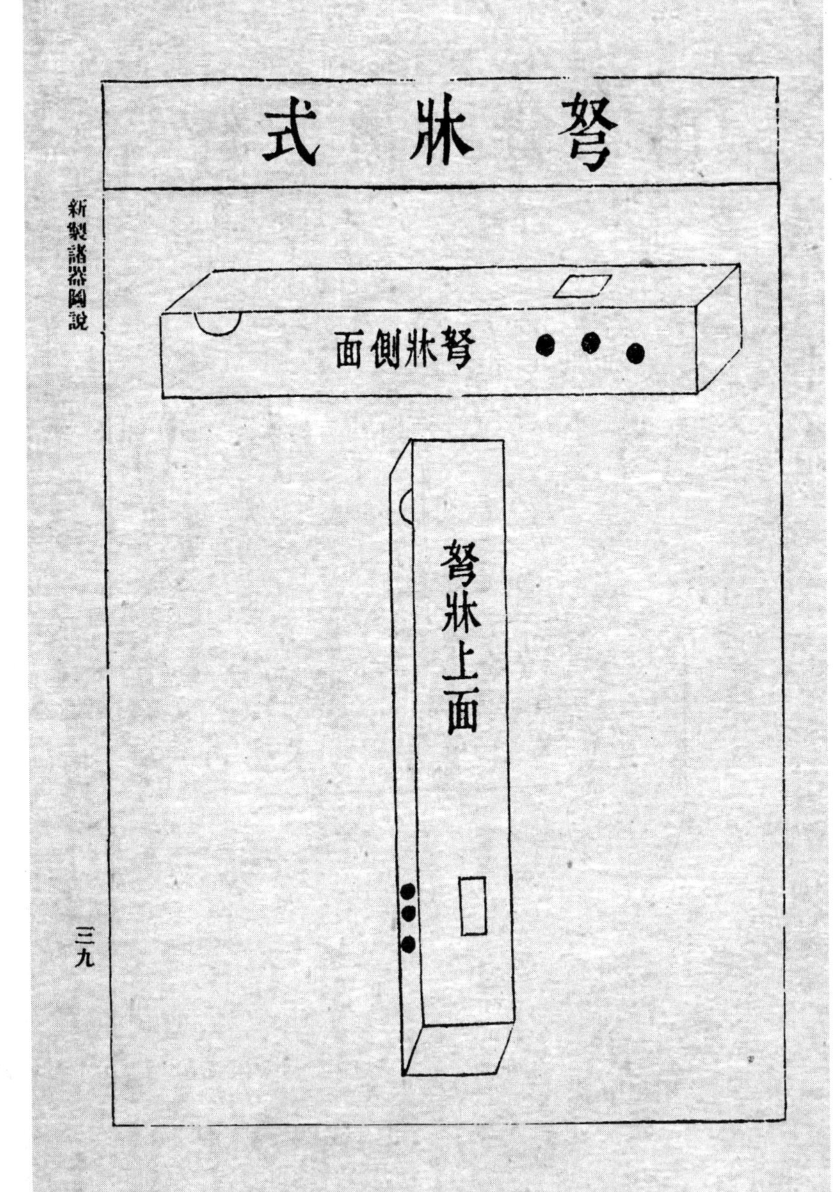
弩牀式
弩牀側面
弩牀上面
新製諸器圖說
三九

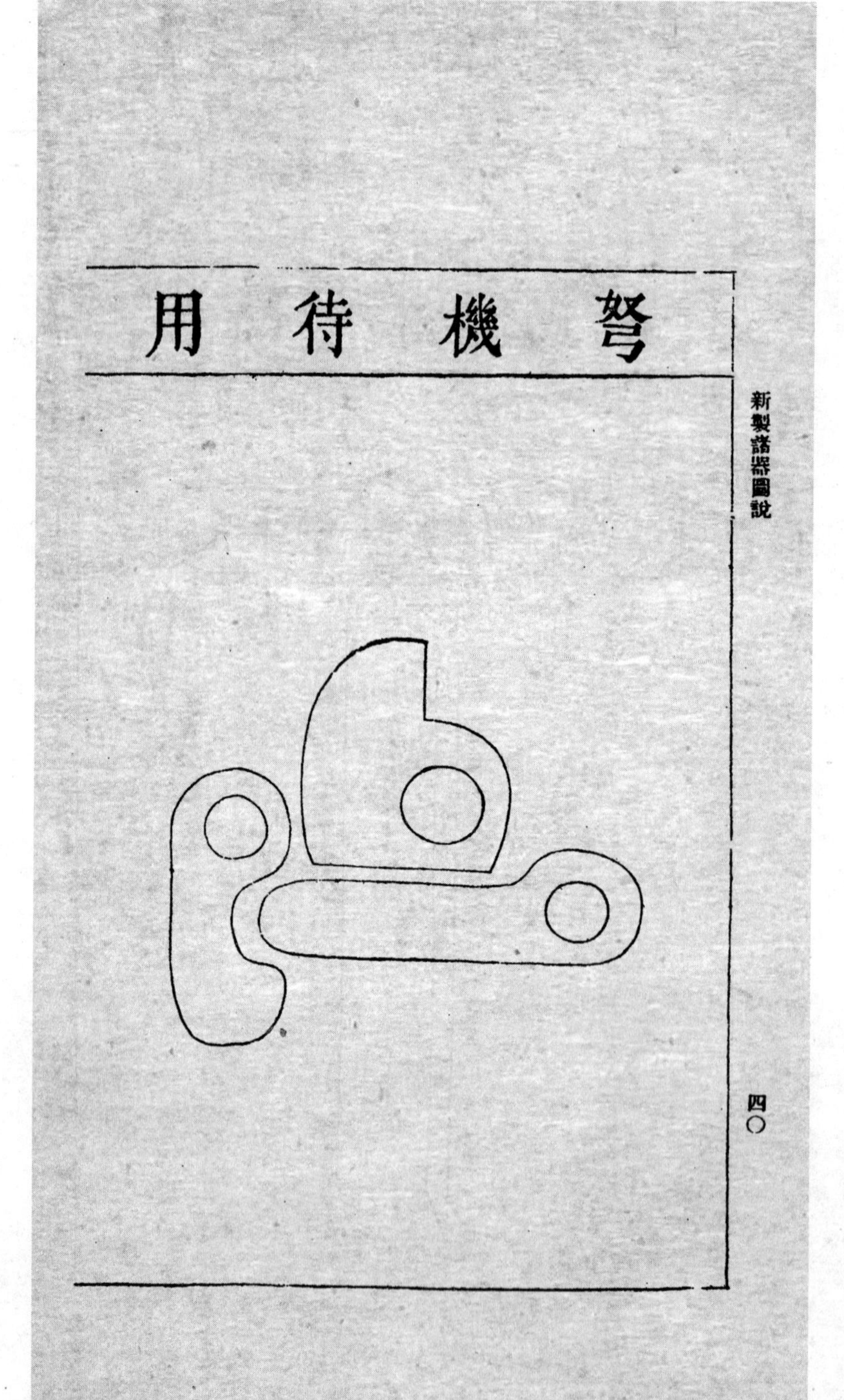
弩機待用

新製諸器圖說 四〇

連弩散形圖説

先用堅木爲弩牀一具長三尺闊二寸厚三寸前端入三寸許鑿半圓小孔安弩背惟緊後端入三寸許從正面居中鑿一孔寬三分長五寸孔中取滑澤用利諸機旋轉孔上面以鐵片平裹中留一寸小孔兩傍準木孔務瑩平無鬬而止又從側面照式鑿三軸孔眼一面圓一面方期入木不致動搖其安機法先安鵝頭居中以其尖出鐵孔上下旋轉爲準次安鶴嘴在後以

上承鵝頭取平而鵝頭之尖出鐵孔中直立爲準又夂安雞腰在前以雞腰中穴順其自然平彀鶴嘴爲準三者俱準如式然後鈎弩絃扣滿掛鵝頭出孔尖上兩邊排箭或二或三多不過六弩伏地中箭向前列各弩聯絡多多益善又有微機伏敵來路敵來一觸其機則萬弩齊發驟莫能禦矣其發弩之機與一連二二連四以至百千連發機括須用口傳穎楮莫克悉也間用此式擴而大之可足千步弩別有圖說茲不

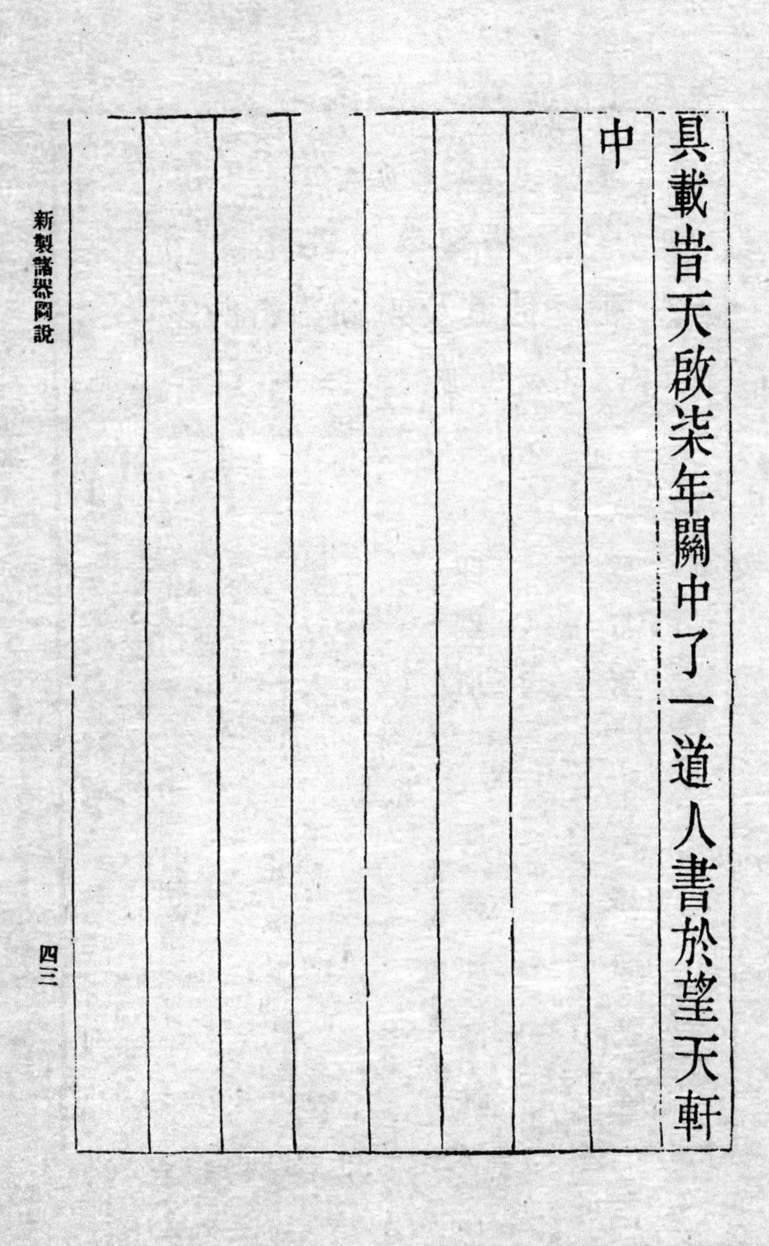
具載旹天啟柒年關中了一道人書於望天軒中

王雲五主編

叢書集成初編

遠西奇器圖說及其他一種

二冊

中華民國二十五年十二月初版

發行人 王雲五 上海河南路

印刷所 商務印書館 上海河南路

發行所 商務印書館 上海及各埠

D六一一〇